Programmieren in C++ für Elektrotechniker und Mechatroniker

Markus A. Mathes · Jochen Seufert

Programmieren in C++ für Elektrotechniker und Mechatroniker

Das Lern- und Übungsbuch

Prof. Dr. Markus A. Mathes
Hochschule für angewandte Wissenschaften
Würzburg-Schweinfurt
Schweinfurt, Deutschland

Prof. Dr. Jochen Seufert
Hochschule für angewandte Wissenschaften
Würzburg-Schweinfurt
Schweinfurt, Deutschland

ISBN 978-3-658-38500-2   ISBN 978-3-658-38501-9   (eBook)
https://doi.org/10.1007/978-3-658-38501-9

Die Deutsche Nationalbibliothek verzeichnet diese Publikation in der Deutschen Nationalbibliografie; detaillierte bibliografische Daten sind im Internet über http://dnb.d-nb.de abrufbar.

Planung/Lektorat: Reinhard Dapper
Springer Vieweg ist ein Imprint der eingetragenen Gesellschaft Springer Fachmedien Wiesbaden GmbH und ist ein Teil von Springer Nature.
Die Anschrift der Gesellschaft ist: Abraham-Lincoln-Str. 46, 65189 Wiesbaden, Germany

Für meine wunderbare Frau Caroline, die mich immer unterstützt, und meine Kinder Felix, Julian und Sofia, die mein Leben mit Lachen und Freude erfüllen!

Markus Mathes

Meiner wundervollen Frau Mirjam und meinen Kindern Leonard und Luisa, die für die glücklichsten Momente in meinem Leben sorgen.

Jochen Seufert

Vorbemerkungen

Die Idee zu diesem Lehrbuch entstand im Rahmen der Lehrveranstaltungen *Informatik 1* bzw. *Programmieren 1 und 2* an der Hochschule für Angewandte Wissenschaften Würzburg-Schweinfurt. Da diese Vorlesungen für „Nicht-Informatiker" angeboten werden, versuchen wir dort wie hier die Schönheit der Informatik möglichst breit abzubilden, ohne dabei die notwendige Tiefe vermissen zu lassen – wir hoffen dies ist uns gelungen. Schwerpunkt dieser Lektüre bildet die prozedurale und objektorientierte Programmierung in C++.

Dokumente wie dieses werden oftmals als „lebende Gebilde" bezeichnet, in dem Sinn, dass diese ständig aktualisiert und fortgeschrieben werden (müssen). Ähnliches trifft auch auf dieses Lehrbuch zu. Falls Sie Fehler oder Unstimmigkeiten finden, zögern Sie bitte nicht uns zu kontaktieren! Wir versuchen eine fortlaufende Qualitätssicherung und -verbesserung zu gewährleisten.

Diese Lektüre bietet in Teil I zunächst einen allgemeinen Überblick der Informatik und ordnet selbige in den Kontext anderer wissenschaftlicher Disziplinen, wie z. B. der Mathematik, der Physik und der Ingenieurwissenschaften, ein. Nach diesem Kapitel sollte jedem klar sein, dass Informatik nicht nur ein „spin-off", beispielsweise der Mathematik ist, sondern als eigene Wissenschaft grundlegende Beiträge liefert.

Das „Handwerkszeug" eines jeden Informatikers ist die Fähigkeit eine konkrete Problemstellung abstrahiert zu modellieren, diese (näherungsweise) zu lösen und die Lösung anschließend in ein lauffähiges Programm zu überführen. Ein wesentlicher Schwerpunkt dieses Buches bildet deshalb die prozedurale Programmierung in der Programmiersprache C++, welche in Teil II erläutert wird. Dabei beginnen wir bei den Grundlagen, wie Variablen und elementaren Anweisungen, kommen dann zu Kontrollstrukturen und Schleifen, lernen die Programme mit Hilfe von Funktionen zu strukturieren und sprechen schlussendlich über Zeiger und dynamische Datenstrukturen.

Als Vorgeschmack auf weiterführende Inhalte betrachten wir in Teil III die objektorientierte Programmierung (OOP). Wichtige Begriffe wie Klasse, Objekt, Vererbung oder Polymorphie werden hier bereits eingeführt und eingeübt. Entsprechende Vertiefung finden Sie in eigener Fachliteratur.

In Teil IV möchten wir Ihnen einen Einblick in die C++-Programmierung von Microcontrollern geben. Von der einfachen Ansteuerung einer LED bis hin zu einem auf netzwerkfähigen Microcontrollerboards basierenden Projekt im Internet of Things lernen Sie die spannende Welt der hardwarenahen Softwareentwicklung kennen.

Wir wünschen Ihnen viel Spaß mit diesem Buch und einen sehr guten Lernerfolg!

Prof. Dr. Markus A. Mathes
Prof. Dr. Jochen Seufert

Danksagung

Ein solches Buch könnte nie ohne die Unterstützung zahlreicher helfender Hände entstehen. Wir möchten uns deshalb ganz herzlich bei den folgenden Personen bedanken:

- Herrn Yanik Schmitt, der eine frühe Version dieses Buches Korrektur gelesen hat, und Herrn Oliver Kleist, der als wissenschaftliche Hilfskraft bei der Überarbeitung des Manuskripts unterstützt hat
- unserem Verlag, insbesondere Herrn Dapper, der sich sofort für unser Buchprojekt begeistern konnte
- den Generationen von Studierenden, die uns durch viele gute Fragen Anregungen zu diesem Buch gegeben haben
- Herrn Prof. Dr. Heribert Weber für wertvolle Gespräche rund um die Arduino-Plattform

Aufbau des Buchs

Für große, umfangreiche Dokumente empfiehlt es sich immer eine Änderungshistorie mitzuführen. In dieser wird dokumentiert

- wann (Datum, Zeitstempel)
- wer (Name, E-Mail Adresse)
- was (inhaltliche Beschreibung)

am Dokument geändert hat. Dies erlaubt es, die Entwicklung eines Dokuments nachzuvollziehen. In Tab. 1 finden Sie die Änderungshistorie dieses Dokumentes. Analoges gilt auch für Programme, die Sie schreiben werden. Jedes Programm sollte einen definierten **Programmkopf (engl. header)** besitzen, in dem die Änderungshistorie mitgeführt wird (Abschn. 6.4).

Konventionen

Wenn Sie zum ersten Mal eine Spezifikation für eine Programmiersprache lesen, werden Sie feststellen, dass auf den ersten n Seiten zunächst beschrieben wird, wie das Dokument zu lesen ist. Das ist notwendig, um Mehrdeutigkeiten zu vermeiden und **Syntax und Semantik** eineindeutig zu definieren. Unter Syntax versteht man den erlaubten Zeichenvorrat, Symbole oder Begriffe, die zur Beschreibung eines Sachverhalts verwendet werden können. Die Semantik legt fest, welche Bedeutung ein

Tab. 1 Änderungshistorie

Datum	Änderung	Name
Februar 2020	Übertragung nach LaTeX	Mathes, Seufert
Dezember 2021	Vorbereitung Lehrbuch	Mathes, Seufert

verwendetes Zeichen, Symbol oder Begriff hat. In diesem Dokument haben wir es aber eher pragmatisch im Sinne einer guten Lesbarkeit gehandhabt.

- Wichtige Begriffe und Zusammenhänge werden *hervorgehoben.*
- Handelt es sich um eine wichtige Definition/Erläuterung, die Sie beherrschen sollten, wird diese *so dargestellt.*
- Quell- und Pseudocode wird auf den Folien in `nicht-proportionaler Schrift` dargestellt.
- Mini-Übungen werden durch eine Tastatur markiert. ⌨ Darüber hinaus gibt es auch komplette Kapitel mit umfangreichen Übungen.

- ℹ | Wichtige Hinweise und Ergänzungen werden so markiert.

- ⚠ | „Beliebte" Fehler und Fallstricke werden so hervorgehoben.
- *„Und ein Zitat erkennt man so."*

Appell

Programmieren lernt man nur durch *selber tun*! Sie können noch so viele Bücher zum Programmieren lesen, wenn Sie es nicht selbst ausprobieren, werden Sie nie ein (guter) Programmierer! Deshalb bitten wir Sie Zeit zum Selbststudium (gerne auch anhand der in diesem Buch inkludierten Übungen) einzuplanen und auch wirklich zu nutzen um die Inhalte nachzubereiten. Als Faustregel gilt: Sie sollten pro Woche mindestens 2 h selbst-ständig programmieren.

Ressourcen und Quellen

Zur Vertiefung der Inhalte empfehlen wir Ihnen folgende Websites:

- https://en.cppreference.com/
- http://www.cplusplus.com/
- https://isocpp.org/

Als Entwicklungsumgebung (Integrated Development Environment (IDE)) verwenden wir das frei verfügbare NetBeans von Apache: https://netbeans.org. Arbeiten Sie unter dem Betriebssystem Microsoft Windows, benötigen Sie zusätzlich einen C++ Compiler. Eine freie (open source) Option ist MinGW (Minimalist GNU for Windows), das Sie hier herunterladen können: http://www.mingw.org.

Inhaltsverzeichnis

Abkürzungsverzeichnis

AOP	aspektorientierte Programmierung
ASCII	American Standard Code for Information Interchange
CSV	Comma-separated Value
HTML	Hypertext Markup Language
HTTP	Hypertext Transfer Protocol
IDE	Integrated Development Environment
IEC	International Electrotechnical Commission
IEEE	Institute of Electrical and Electronics Engineers
ISBN	Internationale Standardbuchnummer
ISO	International Organization for Standardization
KI	künstliche Intelligenz
LIFO	Last-In-First-Out
MSB	Most Significant Bit
OOP	objektorientierte Programmierung
RFC	Request for Comments
UML	Unified Modeling Language
URL	Uniform Ressource Locator
WWW	World Wide Web

Abbildungsverzeichnis

Tabellenverzeichnis

Quellcodeverzeichnis

Der Begriff **Informatik (engl. computer science)** lässt sich auf vielfältige Weise mit unterschiedlicher Tiefe und Breite definieren. In dieser Lektüre verwenden wir eine relativ einfache Definition, wie sie u. a. auch im Gabler Wirtschaftslexikon [22] gefunden werden kann:

> *„Informatik ist die Wissenschaft*
> *von der systematischen Erhebung von Informationen,*
> *deren Verarbeitung zu Daten und deren zweckmäßige Ausgabe,*
> *um damit einen zusätzlichen Nutzen zu generieren."*

Man spricht in diesem Zusammenhang auch vom sogenannten **EVA-Prinzip:**

- **E**ingabe
- **V**erarbeitung
- **A**usgabe

Damit erklärt sich die Informatik auch über ihren Nutzen für den Anwender: Eine nutzenbefreite Erhebung beliebiger Informationen ist genauso wenig Informatik, wie das Überführen von Informationen in beliebige Repräsentationen. Informatik ist keinesfalls das Administrieren von Computern. Edsger W. Dijkstra (Abschn. 1.2) fasst dies schön zusammen:

> *„In der Informatik geht es genauso wenig um Computer,*
> *wie in der Astronomie um Teleskope."*

M. A. Mathes und J. Seufert, *Programmieren in C++ für Elektrotechniker und Mechatroniker*, https://doi.org/10.1007/978-3-658-38501-9_1

1.1   Teilgebiete der Informatik

Die Informatik lässt sich in vier Teilgebiete gliedern, die verschiedene Themenschwerpunkte abdecken (Abb. 1.1). Die Programmierung wird der Praktischen Informatik zugeordnet.

Technische Informatik: Digitaltechnik, Architektur von Rechnersystemen, Mikrocomputersysteme

Theoretische Informatik: formale Sprachen, Automaten-, Algorithmen- und Komplexitätstheorie, Semantik von Programmiersprachen

Praktische Informatik: Programmierung, Softwaretechnik (engl. Software Engineering), Algorithmen und Datenstrukturen, Betriebssysteme, Datenbanken, künstliche Intelligenz (KI), Big Data, Industrie 4.0, Robotik

Angewandte Informatik: Medizininformatik, Simulation, Ingenieurwissenschaftliche und physikalische Anwendungen, Medieninformatik, Verteilte Systeme

Wer tiefes und umfassendes Verständnis aller oben angesprochenen Teilgebiete der Informatik sucht, sei mit dem Informatik-Klassiker von Andrew S. Tanenbaum: *„Computerarchitektur"* [5] beraten. Dieser eignet sich jedoch mehr als Nachschlagewerk für bereits mit der Informatik vertraute Personen, da hier nicht von Grund auf in die Informatik eingeführt wird. In eine ähnliche Richtung geht das Buch von Torsten T. Will: *„C++ Das Umfassende Handbuch"* [23], oder auch das Buch von Ulrich Breymann: *„Der C++ Programmierer"* [25].

Abb. 1.1 Teilgebiete der
Informatik

| Technische Informatik | Theoretische Informatik |
| Praktische Informatik | Angewandte Informatik |

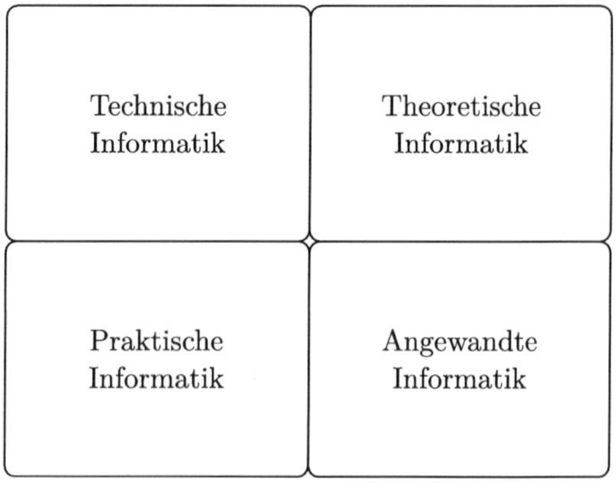

1.2 Köpfe und Persönlichkeiten

In diesem Abschnitt wollen wir einen nicht abschließenden Blick auf wichtige Pioniere und Persönlichkeiten der Informatik werfen.

Alan Turing: Alan Turing legte mit seiner Arbeit die theoretischen Grundlagen der modernen Informationstechnologie. Seine sogenannte *Turing Maschine* gibt Antworten auf Fragen der Berechenbarkeit und bildet die Grundlage der theoretischen Informatik. Nach ihm benannt wurden der *Turing Test,* der zum Nachweis künstlicher Intelligenz dient, und der *Turing Award,* die größte Auszeichnung in der Informatik.

Tim Berners-Lee: Tim Berners-Lee gilt als der Erfinder des *World Wide Web (WWW)* und damit des modernen Internets, wie wir es heute kennen und täglich verwenden. Er entwickelte u. a. die Seitenbeschreibungssprache *Hypertext Markup Language (HTML),* das Anwendungsprotokoll *Hypertext Transfer Protocol (HTTP)* und den *Uniform Ressource Locator (URL).*

Konrad Zuse: Konrad Zuse entwickelte im Jahre 1941 den ersten funktionstüchtigen, programmgesteuerten Binärrechner, genannt *Z3,* und gilt damit als Erfinder des modernen Computers.

Edsger Dijkstra: Edsger W. Dijkstra erhielt 1972 den *Turing Award* für seine fundamentalen Arbeiten zur Entwicklung von Programmiersprachen. Insbesondere der nach ihm benannte *Dijkstra-Algorithmus* zum Finden des kürzesten Weges in einem Graphen, sowie *Semaphoren* zur Synchronisation nebenläufiger Programmabschnitte haben heute noch große Bedeutung.

Dennis Ritchie: Zusammen mit Ken Thompson entwickelte Dennis Ritchie das Betriebssystem *UNIX,* welches insbesondere auf Servern zum Einsatz kommt. Aber auch Apples macOS verwendet einen UNIX Kern als Basis. Zusammen mit Brian Kerningham entwickelte er ferner die *Programmiersprache C.* Sein Buch „*The C Programming Language"* gilt bis heute als Standardwerk der Programmierung in C.

Donald Knuth: Donald Knuth ist Autor des mehrbändigen Werkes „*The Art of Computer Programming"*, welches sich mit Algorithmen und Datenstrukturen beschäftigt. Da er seiner Arbeit ein professionelles Aussehen verleihen wollte, entwickelte er das *Textsatzsystem TEX,* welches die Grundlage von LATEX bildet. Dieses Buch ist beispielsweise in LATEX gesetzt.

Programmierparadigmen 2

Ein Programmierparadigma beschreibt die prinzipielle Vorgehensweise, wie eine Problemstellung durch Entwicklung eines Programms gelöst werden kann. Dabei unterscheidet man zwei grundlegend verschiedene Ansätze:

- Bei der *imperativen Programmierung* versucht man eine Befehlssequenz zu formulieren, nach deren Ausführung das ursprüngliche Problem gelöst ist. Man beschreibt also, *wie* das Programm arbeiten soll.
- Bei der *deklarativen Programmierung* hingegen beschreibt man, *was* das Programm als Ergebnis liefern soll. Oftmals gibt man dazu eine mathematische Beschreibung des Ergebnisses oder der Ergebnismenge an.

Obwohl die deklarative Programmierung historisch gesehen aktueller ist, hat sie sich in der Praxis nur wenig durchsetzen können und wird oftmals abwertend als „akademisch" bezeichnet – zu Unrecht! Für viele praktische Problemstellungen bietet ein deklarativer Ansatz die elegantere und schnellere Lösung.

 Die Programmiersprache C++ ist eine imperative Programmiersprache, die es erlaubt prozedural und/oder objektorientiert zu programmieren. Wir werden zunächst die prozeduralen Grundlagen von C++ erlernen und danach die Objektorientierung betrachten.

2.1 Deklarative Programmierparadigmen

Unterhalb der deklarativen Programmierung lassen sich weitere Programmierstile identifizieren, u. a. die funktionale, logische und Constraint Programmierung (Abb. 2.1).

M. A. Mathes und J. Seufert, *Programmieren in C++ für Elektrotechniker und Mechatroniker*, https://doi.org/10.1007/978-3-658-38501-9_2

Abb. 2.1 Teilgebiete der deklarativen Programmierung

Bei der *funktionalen Programmierung* wird ein Programm als Menge von Funktionen beschrieben, die eine Eingabe eineindeutig auf eine Ausgabe abbildet. Funktionen können ineinander verschachtelt werden und selbst wieder Parameter für Funktionen sein. Theoretisch fußt die funktionale Programmierung auf dem sogenannten Lambda-Kalkül. Die Programmiersprache LISP ist beispielsweise funktional.

Die *logische Programmierung* hat ihren Ursprung in der mathematischen Logik. Sie versucht ein Programm als Menge von Axiomen zu formulieren, innerhalb derer die Problemstellung gelöst werden soll. Der Interpreter verwendet diese Axiome, um aus den übergebenen Daten eine Lösung abzuleiten. Zum Einsatz kommt die logische Programmierung beispielsweise in Anwendungen der KI. Eine sehr bekannte logische Programmiersprache ist Prolog.

Eine Weiterentwicklung der logischen Programmierung ist die sogenannte *Constraint Programmierung*. Unter Constraint versteht man eine Zusicherung, welche niemals, nur für bestimmte Variablenbelegungen oder immer erfüllt sein kann. Oftmals werden Constraints als prädikatenlogische Formeln angegeben.

Beispiel $\forall x \exists y : x = y + 1$ $(x, y \in \mathbb{Z})$ ist für die Menge der ganzen Zahlen eine wahre Aussage. Wählt man x und y jedoch aus der Menge der natürlichen Zahlen $\mathbb{N}$ ist die Aussage falsch.

2.2   Imperative Programmierparadigmen

Bei der imperativen Programmierung lässt sich zwischen strukturierter, prozeduraler und modularer Programmierung unterscheiden (Abb. 2.2).

Die *strukturierte Programmierung* geht u. a. auf einen grundlegenden Beitrag von Dijkstra aus dem Jahre 1968 zurück: „*Go To Statement Considered Harmful*" [12]. In diesem Paper erläutert Dijkstra, dass die Qualität von Quellcode signifikant abnimmt, je mehr die GOTO Anweisung (Sprunganweisung) eingesetzt wird (GOTO führt auch zu sogenanntem „Spaghetti-Code"). Als Konsequenz aus dieser Erkenntnis fordert die strukturierte Programmierung eine Zerlegung des gesamten Programms in wiederverwendbare Teilprogramme, sowie die konsequente Verwendung von Kontrollstrukturen (if-then-else) und Schlei-

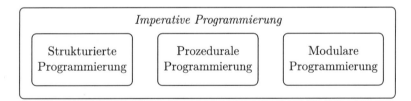

Abb. 2.2 Teilgebiete der imperativen Programmierung

fen (`while`) – siehe auch Abschn. 11.2. Eine klassische strukturierte Programmiersprache ist Pascal (entwickelt von Niklaus Wirth).

Prozedurale Programmierung ist eine Realisierung der strukturierten Programmierung und verwendet neben Kontrollstrukturen und Schleifen noch das Konzept lokaler und globaler Variablen – letztere zum Austausch von Informationen zwischen den Prozeduren. Oftmals wird prozedural auch als Synonym für „nicht objektorientiert" verwendet. Eine typische prozedurale Programmiersprache ist C.

Um auch große, komplexe Softwareprojekte handhaben zu können, wurde die *modulare Programmierung* entworfen. Sie ist eine Weiterentwicklung der prozeduralen Programmierung, bei der mehrere Prozeduren und deren Daten zu Modulen zusammengefasst werden. Diese Module können unabhängig voneinander entwickelt und getestet und anschließend zum Gesamtsystem integriert werden.

2.3   Moderne Programmierparadigmen

Zu den modernen Programmierparadigmen zählen u. a. die objektorientierte, aspektorientierte und datenstromorientierte Programmierung (Abb. 2.3).

Die *objektorientierte Programmierung (OOP)* versucht die zu lösende Problemstellung zu abstrahieren und mit Klassen bzw. Objekten abzubilden. Eine Klasse ist dabei eine Schablone für gleichartige Objekte und kapselt die Funktionalität und die Daten eines Gegenstands der Problemstellung. Zwischen den Klassen/Objekten können Beziehungen, wie z. B. Assoziation, Aggregation oder Generalisierung, formuliert werden, um die Realität möglichst präzise abzubilden. Ein mächtiges Konstrukt innerhalb der Objektorientierung ist der sogenannte Polymorphismus, der es erlaubt, Objekte, die in einer Generalisierungsbezie-

| Objektorientierte Programmierung | Aspektorientierte Programmierung | Datenstrom-orientierte Programmierung |

Abb. 2.3 Moderne Programmierparadigmen

hung stehen, einheitlich zu verwenden. Eine bekannte objektorientierte Programmiersprache ist Java.

Die *aspektorientierte Programmierung (AOP)* denkt die OOP konsequent weiter, indem sie sogenannte Cross-cutting Concerns (Querschnittfunktionalität) zwischen den Klassen sucht und diese als Aspekte kapselt. Aspekte können dann wiederverwendet werden, indem sie automatisiert in die Klassen eingewoben werden. Bekannte Beispiele für die Anwendung der AOP sind Logging und Autorisierung innerhalb einer Methode.

Bei der *datenstromorientierten Programmierung* wird ein kontinuierlicher Datenstrom, wie z. B. Messwerte von einem Sensor, in Echtzeit verarbeitet und ausgegeben. Dabei wird zwischen Quellen (Erzeugung des Datenstroms), Knoten (Verarbeitung des Datenstroms) und Senken (Ausgabe des Datenstroms) unterschieden.

Die Programmiersprache C++

3

Die Programmiersprache C++ wurde von dem dänischen Mathematiker und Informatiker Bjarne Stroustrup entworfen und initial implementiert. Zu Beginn wurde C++ noch „C with Classes" genannt, um auf die objektorientierte Erweiterung der Sprache C hinzudeuten. Später wurde sie dann in C++ umbenannt. Das doppelte Plus ist eine Anspielung auf den Inkrement-Operator, den wir noch kennenlernen werden.

C++ wurde stufenweise um neue Sprachkonstrukte erweitert – zu Beginn in einem „freien" Entwicklungsprozess, später im Rahmen eines standardisierten Vorgehens gemäß der International Organization for Standardization (ISO)/International Electrotechnical Commission (IEC). Heute sind diese ISO/IEC Standards für Compiler-Entwickler verbindlich. Je nachdem in welchem Jahr der C++ Standard verabschiedet wurde, unterscheidet man die jeweiligen Sprachversionen C++yy. Je höher die Sprachversion yy, desto mehr Features muss ein kompatibler Compiler anbieten. ISO/IEC Standards sind in der Regel kostenpflichtig! Sie können jedoch Entwürfe (sogenannte Drafts) auf [15] nachlesen.

3.1 Historische Entwicklung

Frühes C++:

- 1979: Erste Implementierung von „C with Classes"
- 1985: Erstausgabe von „The C++ Programming Language"
- 1990: „The Annotated C | | Reference Manual" als Quasi-Standard
- 1991: zweite Ausgabe von „The C++ Programming Language"

© Der/die Autor(en), exklusiv lizenziert an Springer Fachmedien Wiesbaden GmbH, ein Teil von Springer Nature 2022
M. A. Mathes und J. Seufert, *Programmieren in C++ für Elektrotechniker und Mechatroniker*, https://doi.org/10.1007/978-3-658-38501-9_3

Standardisierung von C++:

- 1998: C++98 in ISO/IEC 14882:1998 standardisiert
- 2003: C++03 in ISO/IEC 14882:2003 standardisiert
- 2011: C++11 in ISO/IEC 14882:2011 standardisiert
- 2014: Standard C++14 in ISO/IEC 14882:2014 standardisiert
- 2017: Standard C++17 in ISO/IEC 14882:2017 standardisiert
- 2020: Standard C++20 in ISO/IEC 14882:2020 standardisiert

3.2   Quellcode und Maschinencode

Die Entwicklung eines C++ Programms gliedert sich prinzipiell in zwei Schritte (Abb. 3.1):

1) Man erstellt mithilfe eines einfachen Editors (z. B. TextEdit, NotePad, vi etc.) oder einer IDE den *Quellcode* und speichert ihn in einer Datei mit Endung **.cpp**.
2) Unter Verwendung eines plattformspezifischen Compilers (z. B. gcc, Visual C++ etc.) wird aus dem Quellcode der ausführbare *Maschinencode* erzeugt. Die ausführbare Datei hat unter Windows beispielsweise die Dateiendung **.exe** für „executable".

Der Maschinencode ist an eine spezielle *Plattform (Rechnerarchitektur plus Betriebssystem)* gebunden. Möchte man das C++ Programm auf eine andere Plattform portieren, muss es nochmals kompiliert werden. Dies gelingt in der Regel nur, wenn man *keine* plattformspezifischen Eigenheiten in seinem Programm verwendet hat.

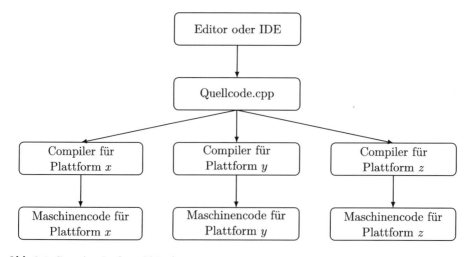

Abb. 3.1 C++ ist plattformabhängig

Schritt 2) untergliedert sich in mehrere Teilschritte, die wir später noch genauer betrachten werden. Merken Sie sich für den Moment, dass Sie den Quellcode schreiben und mithilfe eines Compilers in ausführbaren Maschinencode übersetzen.

Informationsdarstellung

4

Alle Informationen innerhalb eines Computers werden letztendlich als Zahlen kodiert. Diese Zahlen können unterschiedlich dargestellt werden: dezimal, binär, hexadezimal und oktal. Die vier Darstellungen unterscheiden sich in der verwendeten Basis zur Darstellung der Zahlen und den verfügbaren Ziffern.

- Dezimal
  - Basis 10
  - Ziffernvorrat: 0, 1, 2, 3, 4, 5, 6, 7, 8, 9
- Binär (Dual)
  - Basis 2
  - Ziffernvorrat: 0, 1
- Hexadezimal
  - Basis 16
  - Ziffernvorrat: 0, 1, 2, 3, 4, 5, 6, 7, 8, 9, A, B, C, D, E, F
- Oktal
  - Basis 8
  - Ziffernvorrat: 0, 1, 2, 3, 4, 5, 6, 7

Die **binäre Repräsentation** als Abfolge von Nullen und Einsen, d. h. als Bitfolge, hat sich als sehr praktisch erwiesen, da sie die technische Realisierung der verschiedenen Hardwarekomponenten erheblich erleichtert. Deshalb spricht man heute auch von digitalen Binärrechnern. Alle anderen Darstellungen dienen letztendlich der leichteren Lesbarkeit durch den Menschen. Bei der **hexadezimalen Repräsentation** wird als Basis 16 verwendet. Zur Darstellung der Zeichen 10 bis 15 verwendet man die Buchstaben A bis F um einer Verwechslung mit dezimalen Zahlen vorzubeugen. Mit einer hexadezimalen Zahl lassen sich Binärzahlen kompakt darstellen, da jeweils 4 Bit zu einer Hexadezimalzahl zusammengefasst werden können ($2^4 = 16$). Die **oktale Repräsentation** verwendet die Basis 8. Es können jeweils 3 Bit zu

M. A. Mathes und J. Seufert, *Programmieren in C++ für Elektrotechniker und Mechatroniker*, https://doi.org/10.1007/978-3-658-38501-9_4

Tab. 4.1 Zahlen in verschiedenen Zahlensystemen

Dezimal	Binär	Hex	Oktal
0_{10}	0_2	0_{16}	0_8
1_{10}	1_2	1_{16}	1_8
2_{10}	10_2	2_{16}	2_8
3_{10}	11_2	3_{16}	3_8
4_{10}	100_2	4_{16}	4_8
5_{10}	101_2	5_{16}	5_8
6_{10}	110_2	6_{16}	6_8
7_{10}	111_2	7_{16}	7_8
8_{10}	1000_2	8_{16}	10_8
9_{10}	1001_2	9_{16}	11_8
10_{10}	1010_2	A_{16}	12_8
11_{10}	1011_2	B_{16}	13_8
12_{10}	1100_2	C_{16}	14_8
13_{10}	1101_2	D_{16}	15_8
14_{10}	1110_2	E_{16}	16_8
15_{10}	1111_2	F_{16}	17_8

einer Oktalzahl zusammengefasst werden ($2^3 = 8$). Tab. 4.1 zeigt die Darstellung der Zahlen von 0–15 in den verschiedenen Zahlensystemen.

Möchte man ein Zeichen, beispielsweise den Buchstaben A, innerhalb eines Computersystems speichern und verarbeiten, muss man diesem zunächst einen (dezimalen) Zahlenwert zuordnen, beispielsweise 41_{10}. Anschließend wandelt man diesen in einen Binärwert um – in diesem Beispiel $10\,1001_2$. Wichtig ist zu unterscheiden, ob $10\,1001_2$ als Zahl oder als Zeichen zu interpretieren ist. Das sieht man der Binärdarstellung nämlich nicht an. Genau aus diesem Grund benötigen wir unterschiedliche Datentypen, um unterscheiden zu können, wie eine Binärzahl zu interpretieren und zu verwenden ist.

4.1   Umwandlung von/nach Dual

Bei der Umwandlung von Dezimal nach Dual geht man wie folgt vor:

1) Man teilt die Dezimalzahl ganzzahlig durch 2 und notiert sich das ganzzahlige Ergebnis und den Rest. Der Rest kann bei Division durch 2 entweder 1 oder 0 sein.
2) Solange das ganzzahlige Ergebnis ungleich 0 ist, wiederhole Schritt 1).

3) Sobald das ganzzahlige Ergebnis gleich 0 ist, kann man die Binärzahl von unten nach oben ablesen.

Die ganzzahlige Division mit Rest bezeichnet man auch als **Modulo.** In C++ gibt es einen speziellen % Operator, der auf ganzzahligen Datentypen eine Division mit Rest durchführt:

- `int i = 5 % 2; // i hat den Wert 1`
- `int j = 6 % 2; // j hat den Wert 0`

Bei der Umwandlung von Dual nach Dezimal bildet man die Summe der Zweierpotenzen, die mit 1 bewertet sind. Sei $b_{n-1}b_{n-2}\ldots b_0$ eine n-stellige Dualzahl ($b_i \in \{0, 1\}$). Die entsprechende Dezimalzahl berechnet sich durch Gl. 4.1.

$$\sum_{i=0}^{n-1} b_i \cdot 2^i \tag{4.1}$$

4.1.1 Beispiel 1: Dezimal nach Dual

$573_{10} / 2 = 286$ Rest 1
$286_{10} / 2 = 143$ Rest 0
$143_{10} / 2 = 71$ Rest 1
$71_{10} / 2 = 35$ Rest 1
$35_{10} / 2 = 17$ Rest 1
$17_{10} / 2 = 8$ Rest 1
$8_{10} / 2 = 4$ Rest 0
$4_{10} / 2 = 2$ Rest 0
$2_{10} / 2 = 1$ Rest 0
$1_{10} / 2 = 0$ Rest 1

Leserichtung von unten nach oben ergibt: $\boxed{10\,0011\,1101_2}$

4.1.2 Beispiel 2: Dual nach Dezimal

$10\,0011\,1101_2 = 1\cdot 2^0 + 0\cdot 2^1 + 1\cdot 2^2 + 1\cdot 2^3 + 1\cdot 2^4 + 1\cdot 2^5 + 0\cdot 2^6 + 0\cdot 2^7 + 0\cdot 2^8 + 1\cdot 2^9 = \boxed{573_{10}}$

4.2   Umwandlung von/nach Hexadezimal

Die Umwandlung von Dezimal nach Hexadezimal erfolgt analog zur Umwandlung von Dezimal nach Dual, jedoch wird hier wiederholt ganzzahlig durch 16 geteilt, bis das ganzzahlige Ergebnis 0 ergibt. Es geht aber auch schneller, falls man bereits die binäre Darstellung der Dezimalzahl kennt. Dann kann man nämlich jeweils 4 Bit, eine sogenannte **Tetrade** oder **Nibble,** zu einer hexadezimalen Ziffer zusammenfassen. Mit 4 Bit lassen sich ja 2^4 Zeichen kodieren, genau wie mit einer hexadezimalen Ziffer.

Bei der Umwandlung von Hexadezimal nach Dezimal bildet man die Summe der 16er-Potenzen. Sei $h_{n-1}h_{n-2} \ldots h_0$ eine n-stellige Hexadezimalzahl ($h_i \in \{0, \ldots, 9, A, \ldots, F\}$). Die entsprechende Dezimalzahl berechnet sich durch Gl. 4.2.

$$\sum_{i=0}^{n-1} h_i \cdot 16^i \tag{4.2}$$

4.2.1   Beispiel 1: Dezimal nach Hexadezimal

$$573_{10} \ / \ 16 = 35 \text{ Rest } 13$$
$$35_{10} \ / \ 16 = \ 2 \text{ Rest } 3$$
$$2_{10} \ / \ 16 = \ 0 \text{ Rest } 2$$

Leserichtung von unten nach oben ergibt: $\boxed{2\,3D_{16}}$

Da wir bereits wissen, dass $573_{10} = 1000111101_2$ gilt, können wir auch schneller umwandeln:

$$\underbrace{0010}_{2}\,\underbrace{0011}_{3}\,\underbrace{1101}_{D}$$

4.2.2   Beispiel 2: Hexadezimal nach Dezimal

$$2\,3D_{16} = 13 \cdot 16^0 + 3 \cdot 16^1 + 2 \cdot 16^2 = \boxed{573_{10}}$$

Übung 5.0

Besuchen Sie die folgenden Websites und legen Sie sich Lesezeichen für selbige an. Sie werden sie beim Lesen des Buchs und beim Programmmieren des Öfteren benötigen:

- https://en.cppreference.com/
- https://www.stroustrup.com/
- http://www.cplusplus.com/

Übung 5.1

Laden Sie sich NetBeans für ihren Rechner herunter und installieren Sie es. Falls weitere Werkzeuge (z. B. MinGW) benötigt werden, laden Sie diese ebenfalls herunter und installieren Sie diese. Folgende Tools und Versionen wurden getestet und werden empfohlen:

- Java v11.0.8 (https://www.techspot.com/downloads/5553-java-jdk.html)
- Netbeans v11.3 (https://netbeans.apache.org/download/nb111/nb111.html)
- C/C++ Plug-in v8.2

Übung 5.2

In Abschn. 6.2 erläutern wir die Verwendung der NetBeans Entwicklungsumgebung. Machen Sie sich mit der Entwicklungsumgebung vertraut, indem Sie das „Hello World!" Programm (Listing 6.1) dort eintippen und starten. Geben Sie eine andere Begrüßung als „Hello World!" auf der Konsole aus. Versuchen Sie mehrere Zeilen Text auf der Konsole auszugeben.

© Der/die Autor(en), exklusiv lizenziert an Springer Fachmedien Wiesbaden GmbH, ein   19
Teil von Springer Nature 2022
M. A. Mathes und J. Seufert, *Programmieren in C++ für Elektrotechniker und
Mechatroniker*, https://doi.org/10.1007/978-3-658-38501-9_5

Übung 5.3

1. Formulieren Sie die Regel zur Umwandlung einer Dezimal- in eine Oktalzahl analog zur Umwandlung von Dezimal in Binär bzw. Dezimal in Hexadezimal.
2. Formulieren Sie die Regel zur Umwandlung einer Oktalzahl in eine Dezimalzahl analog der Umwandlung von Binär in Dezimal bzw. Hexadezimal in Binär.
3. Überlegen Sie sich eine Abkürzung, wie Sie eine Dualzahl direkt in eine Oktalzahl umwandeln können.

Übung 5.4

Recherchieren Sie weiterführende Informationen zu den vorgestellten Programmierparadigmen:

- Für welche Problemstellungen sind diese besonders gut geeignet?
- Welche Programmiersprachen verwenden welches Programmierparadigma?

Teil II

Prozedurale Programmierung

Hello World!

6

Damit man mit der Entwicklung des ersten C++ Programms beginnen kann, benötigt man einen geeigneten *C++ Compiler*. Der Compiler hat die Aufgabe, den Quellcode in ausführbaren Maschinencode zu übersetzen. Den Quellcode kann man prinzipiell auch mit einem einfachen Texteditor schreiben, was jedoch wenig komfortabel ist. Deshalb wird im Rahmen dieses Buches die IDE NetBeans verwendet.

NetBeans ist eine frei verfügbare IDE für verschiedene Programmiersprachen (C und C++, Java, JavaScript, PHP, …), die auf unterschiedlichen Plattformen lauffähig ist (Microsoft Windows, Apple macOS, Linux, …). NetBeans kann von Apache [1] bezogen werden. Dort findet man auch Informationen bezüglich der Installationsvoraussetzungen für die jeweilige Plattform. Oftmals muss man zusätzlich einen C++ Compiler und das Werkzeug **make** installieren. Dies hängt aber von der Plattform ab (Microsoft Windows bringt hier in der Regel weniger „von Haus aus" mit als beispielsweise UNIX).

Sobald NetBeans erfolgreich installiert wurde, kann man es erstmals starten. Es erscheint der Startbildschirm aus Abb. 6.1. Über den Menüpunkt `File ⟩ New Project...` kann man ein neues, leeres Projekt erzeugen. Ein Projekt ist vergleichbar mit einem Container, der alle Dateien, die zusammengehören, organisiert.

6.1 Anlegen eines neuen Projekts

Ein neues Projekt kann über den „New Project" Dialog angelegt werden. Dort muss man zunächst die gewünschte Projektkategorie (C/C++) und dann die Art des Projekts (C/C++ Application) auswählen (Abb. 6.2).

Es wird nun folgendes erstellt (um was es sich bei einem **makefile** handelt, werden wir später genauer betrachten): *„Creates a new application project. It uses an IDE-generated makefile to build your project."*

© Der/die Autor(en), exklusiv lizenziert an Springer Fachmedien Wiesbaden GmbH, ein   23
Teil von Springer Nature 2022
M. A. Mathes und J. Seufert, *Programmieren in C++ für Elektrotechniker und Mechatroniker*, https://doi.org/10.1007/978-3-658-38501-9_6

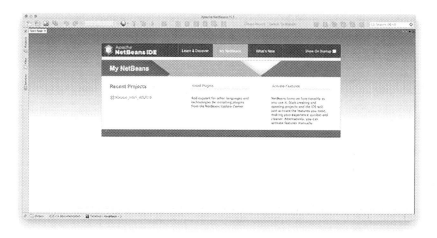

Abb. 6.1 NetBeans Start Page

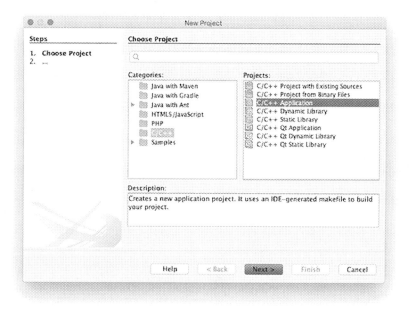

Abb. 6.2 „New Project" Wizard

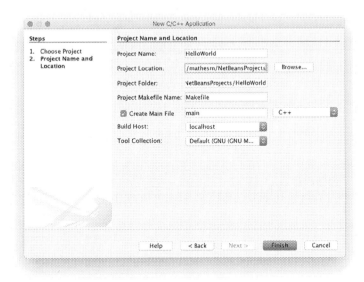

Abb. 6.3 „New C/C++ Application" Wizard

Als nächster Dialog erscheint „New C/C++ Application" (Abb. 6.3). Hier kann man den Projektnamen für das neue Projekt vergeben (HelloWorld), sowie den Speicherort (Project Location) des Projekts. Wir empfehlen ein neues Verzeichnis anzulegen, in dem alle selbst entwickelten Programme abgelegt werden (beispielsweise das Verzeichnis **dev**). Wenn Sie den Haken „Create Main File" setzen, wird automatisch eine leere main() Funktion durch die IDE angelegt.

 Pro Projekt darf es gemäß C++ Standard nur *genau eine* main() Funktion geben, die den Einstiegspunkt in das Programm darstellt. Mehrere main() Funktionen innerhalb eines Projekts führen zu einem Compiler-Fehler.

6.2 Projektstruktur

Nachdem das Projekt HelloWorld erfolgreich angelegt wurde, bekommt man im Projects Fenster (linke Fensterseite) einen Baum angezeigt, der die Struktur des Projekts wiedergibt.

Header Files In diesem Verzeichnis werden alle Header-Dateien (***.h, *.hpp**) des Projekts abgelegt. Zu Beginn ist das Verzeichnis leer.

Resource Files Hier werden alle Ressourcen-Dateien abgelegt, wie beispielsweise einge-bundene Bibliotheken oder Icons. Zu Beginn ist dieses Verzeichnis ebenfalls leer.

Source Files In diesem Verzeichnis liegen die Quellcodedateien des Projekts (*.cpp). Zu
Beginn findet man hier die automatisch generierte **main.cpp**.

Test Files Alle automatisierten Tests (engl. unit tests) werden in diesem Verzeichnis abgelegt. Zu Beginn ist das Verzeichnis leer.

Important Files Hier werden alle Dateien abgelegt, die zum Kompilieren des Projekts
dienen. Zu Beginn findet man hier das automatisch generierte **makefile**.

Öffnen Sie nun die generierte Datei **main.cpp** und ersetzen Sie den kompletten Inhalt durch
Listing 6.2. Speichern Sie anschließend **main.cpp** ab.

Listing 6.1 Hello World!

```
1  #include <iostream>
2
3  int main(void) {
4      std::cout << "Hello FHWS!" << std::endl;
5      return 0;
6  }
```

Um das Projekt zu kompilieren und zu starten verwenden Sie das Hammer- bzw. Play-Icon
aus dem Hauptmenü (Abb. 6.4). Das Hammer-Icon steht für „Build Project" und kompiliert
alle Projektdateien, die sich seit dem letzten Bauen des Projekts geändert haben. Das Icon
mit Hammer und Besen („Clean and Build Project") bereinigt das Projekt zunächst und
baut dann alle Dateien neu. Das Play-Icon („Run Project") führt das kompilierte Projekt
schlussendlich aus.

Auf der Konsole (Fenster Output) sollte nachfolgende Meldung erscheinen. Neben der
eigentlichen Ausgabe des Programms werden noch einige Informationen bezüglich Rückgabewert und Laufzeitverhalten angezeigt. Diese können wir zunächst ignorieren.

```
Hello FHWS!
RUN FINISHED; exit value 0; real time: 10ms;
user: 0ms; system: 0ms
```

Obwohl das „Hello World!" Programm nur aus sechs Zeilen Quellcode besteht, kann man
schon eine Menge über die Funktionsweise und Struktur eines C++ Programms lernen.
Der Einstiegspunkt in ein C++ Programm ist immer die Funktion main(). Jedes C++
Programm darf *nur genau eine* main() Funktion besitzen. Ansonsten kommt es zu einem
Compiler-Fehler. Innerhalb der main() Funktion stehen zwei *Anweisungen*. Eine Anwei-
sung in C++ wird durch ein Semikolon/Strichpunkt (;) abgeschlossen:

Abb. 6.4 Build Project, Clean
and Build Project, Run Project

- Die erste Anweisung (`std::cout`) macht eine Ausgabe auf der Konsole (stdout). Damit nach `"Hello FHWS!"` ein Zeilenumbruch erscheint, wird `std::endl` verwendet.

- Die zweite Anweisung gibt den Wert 0 an den Aufrufer der `main()` Funktion zurück. Das ist in der Regel das Betriebssystem.

Der C++ Compiler arbeitet *case-sensitive*, d. h. `main()` und `Main()` ist ein Unterschied! Achten Sie deshalb auf Groß- und Kleinschreibung. Die Hauptfunktion hat die Signatur `int main(void)`, was bedeutet, dass `main()` keine Parameter (`void`) erwartet und eine Ganzzahl (`int`) als Ergebnis zurückgibt – in diesem Fall 0.

`#include` ist eine sogenannte *Präprozessor-Direktive*. Sie weist den Präprozessor an, alle Funktionen aus der Standardbibliothek `iostream` einzubinden. Dadurch werden die Anweisungen `std::cout` und `std::endl` erst verfügbar.

6.3   Verwendung von Namensräumen

Die erste Version von „Hello World!" verwendet zum Aufruf von `cout` und `endl` *voll-qualifizierte Namen* der Form `std::cout` und `std::endl`. Dies ist notwendig, da `cout` und `endl` im Namensraum `std` definiert wurden. Jedoch wird der Aufruf durch Verwendung des sogenannten Scope-Operators `::` etwas sperrig.

Eine Alternative dazu ist die Angabe des verwendeten *Namensraums* über die Anweisung `using namespace std;`. Nach Ausführung dieser Anweisung können alle Funktionen des Namensraums `std` ohne Scope-Operator verwendet werden.

Sorgen Sie durch Einrückungen dafür, dass man zusammengehörige Anweisungen als solche erkennen kann. Sollten Sie beim Tippen nicht darauf geachtet haben, hilft Ihnen NetBeans weiter: Source ⟩ Format

Listing 6.2 Hello World! mit Namensraum

```
1  #include <iostream>
2
3  using namespace std;
4
5  int main(void) {
6      cout << "Hello FHWS!" << endl; // send greetings
7      return 0;
8  }
```

6.4 Kein Kommentar? – Nicht erwünscht!

Es gilt der Grundsatz: *Ein Programm wird einmal geschrieben, aber sehr oft gelesen!*
Deshalb müssen Sie ihren Quellcode immer durch Kommentare erklären, um die Lesbarkeit
und Verständlichkeit zu erhöhen. Kommentare entstehen immer parallel zum Quellcode,
d. h. Sie schreiben ein paar Zeilen Code und fügen anschließend die Kommentare ein. Keinesfalls dürfen Kommentare nachträglich als „lästige Pflicht" in den fertigen Quellcode
ergänzt werden. Diese Regel verhindert, dass die Kommentierung bei Terminproblemen
einfach weggelassen wird. Für den Compiler sind Kommentare irrelevant – sie werden vor
der Übersetzung aus dem Quellcode entfernt. In C++ gibt es zwei Arten von Kommentaren:

- `/* ... */` ist ein Blockkommentar über mehrere Zeilen.
- `//` ist ein einfacher Kommentar bis zum Ende der Zeile.

In Listing 6.3 sehen Sie ein Template für einen Kommentarkopf, der in jede Quellcode-Datei
eingefügt werden kann. Der Kommentarkopf enthält

- den Dateinamen der Quellcode-Datei
- eine kurze Beschreibung der Funktionalität
- Autor und Datum
- eine Änderungshistorie

Listing 6.3 Header des Quellcodes

```
 1  /*
 2   *  main.cpp
 3   *
 4   *  Sends greetings to FHWS.
 5   *
 6   *  Author: Markus Mathes
 7   *  Date: 2022-02-01
 8   *
 9   *  Change History:
10   *    <YYYY-MM-DD>, <name>, <description>
11   *
12   */
```

6.5   Struktur der Quellcodebeispiele in diesem Buch

„Our ultimate goal is extensible programming. By this, we mean the construction of hierarchies of modules, each module adding new functionality to the system."
– Niklaus Wirth

In diesem Buch folgen wir der Maxime des berühmten Schweizer Informatikers und Turing Award Preisträgers Niklaus Wirth, indem wir bei den Quellcodebeispielen streng auf Modularität geachtet haben. So sind alle Beispiele als einzelne Funktionen implementiert, die Sie modular in ein ausführbares Programm (`main()`-Funktion) einbinden und von dort aus aufrufen können.

| # Directiven | ```#include<iostream>
using namespace std;
``` |
| --- | --- |
| Beispielcode | ```
#define PI 3.14 // approximation of Pi

void sphere1(void) {
   float volume; // result variable
   float radius = 2.57; // fixed radius

   // calculate volume
   volume = 4.0/3.0 * PI * radius * radius * radius;

   // print result
   cout << "Volume: " << volume << endl;
}
``` |
| main() | ```
int main(){
   sphere1();
   return 0;
}
``` |

Abb. 6.5 Aufbau eines ausführbaren Programms
```

Ein solches ausführbares Programm ist wie folgt aufgebaut:

- Präprozessordirektiven, z. B. mit `#include<...>` einzubindende Bibliotheken, Headerdateien und Namensraum
- Beispielcode aus dem Buch, z. B. **sphere1.cpp**
- `main()`-Funktion, in der die Funktion aus dem Beispielcode, z. B. `sphere1()`, aufgerufen wird.

Abb. 6.5 zeigt schematisch den Aufbau eines ausführbaren Programms für das Beispiel **sphere1.cpp** (Listing 7.1) aus diesem Buch.

Einfache C++ Programme

7

In diesem Abschnitt betrachten wir einige einfache C++ Programme und diskutieren anhand derer grundlegende Konzepte. Dabei verzichten wir bewusst auf eine formale Einführung der Sprachkonstrukte von C++, sondern erklären viele Zusammenhänge an konkreten Beispielen.

7.1 Berechnung des Volumens einer (fixen) Kugel

Es soll das Volumen einer Kugel gemäß Gl. 7.1 berechnet werden. Das zugehörige C++ Programm wird in Listing 7.1 gezeigt.

$$V(r) = \frac{4}{3}\pi r^3 \tag{7.1}$$

Listing 7.1 sphere1.cpp

```cpp
#define PI 3.14 // approximation of Pi

void sphere1(void) {
    float volume; // result variable
    float radius = 2.57; // fixed radius

    // calculate volume
    volume = 4.0/3.0 * PI * radius * radius * radius;

    // print result
    cout << "Volume: " << volume << endl;
}
```

M. A. Mathes und J. Seufert, *Programmieren in C++ für Elektrotechniker und Mechatroniker*, https://doi.org/10.1007/978-3-658-38501-9_7

Dazu deklarieren wir zwei (lokale) Variablen `volume` und `radius`. `volume` speichert das Ergebnis der Volumenberechnung; `radius` speichert den Radius der Kugel. Außerdem führen wir die Konstante `PI` mithilfe der Präprozessor-Direktive `#define` ein. Überall wo im Quelltext `PI` auftaucht, wird durch den Präprozessor automatisch 3.14 eingesetzt. Die eigentliche Volumenberechnung erfolgt durch die Anweisung:

```
volume = 4.0/3.0 * PI * radius * radius * radius;
```

Die Anweisung bedeutet, dass die Berechnung auf der rechten Seite ausgeführt wird (der Schrägstrich entspricht der Division, der Stern der Multiplikation) und das Ergebnis anschließend `volume` zugewiesen wird. Schlussendlich wird `volume` auf der Konsole ausgegeben. Die Ausgabe des Programms lautet:

```
Volume: 71.067
```

Nachteil dieser Lösung: Der Radius der Kugel ist im Programm hart kodiert (`radius=2.57`). Folglich wird immer das selbe Volumen berechnet. Wir haben in diesem Programm also eine Verarbeitung und eine Ausgabe, aber *keine* Eingabe.

7.2   Berechnung des Volumens einer (beliebigen) Kugel

Das Kugelvolumen ist eine (mathematische) Funktion des Radius'. Deshalb definieren wir eine (wiederverwendbare) Funktion `sphere_calc()`, welche uns für einen übergebenen Radius das Volumen berechnet. Diese Funktion kann von verschiedenen Stellen in unserem Programm aufgerufen werden (Listing 7.2).

Listing 7.2 sphere2.cpp

```cpp
 1 #define PI 3.14
 2
 3 float sphere_calc(float x); // function prototype
 4
 5 void sphere2(void) {
 6     float volume;
 7     float radius;
 8
 9      // ask for radius
10     cout << "Radius: ";
11     cin >> radius;
12
13     // call volume calculation
14     volume = sphere_calc(radius);
15
16     //print result
17     cout << "Volume: " << volume << endl;
18 }
```

```
19
20  float sphere_calc(float x) {
21      float result;
22
23      // calculate volume
24      result = 4.0 / 3.0 * PI * x * x * x;
25
26      return result;
27  }
```

Außerdem möchten wir für einen beliebigen Radius das Volumen berechnen. Dafür müssen wir den gewünschten Radius vom Benutzer erfragen. Dies geschieht mithilfe der Anweisung:

```
cin >> radius;
```

Nach Ausführung der Anweisung ist der eingegebene Radius in der (lokalen) Variablen `radius` gespeichert. Mit der Anweisung

```
volume = sphere_calc(radius);
```

wird die Funktion zur Volumenberechnung aufgerufen. Der Inhalt von `radius` wird in die Parametervariable `x` von `sphere_calc()` kopiert und kann innerhalb der Funktion verwendet werden. Sobald die Funktion die Berechnung durchgeführt hat, gibt sie das Ergebnis mittels `return result;` zurück. Das Ergebnis wird in der aufrufenden Funktion in `volume` gespeichert.

Die Zeile

```
float sphere_calc(float x);
```

vor `sphere2()` ist ein sogenannter **Funktionsprototyp**. Durch Funktionsprototypen werden Funktionen deklariert und somit dem Compiler bekannt gemacht. Da die Funktion `sphere_calc()` im Quellcode erst nach der Funktion `sphere2()` implementiert ist, wäre `sphere_calc()` ohne Funktionsprototyp in `sphere2()` noch unbekannt und es käme zu einem Compiler-Fehler. Die Ausgabe des verbesserten Programms lautet:

```
Radius: 2.5
Volume: 65.4167
```

7.3   Summe natürlicher Zahlen

Es soll ein Programm entwickelt werden, dass die Summe der natürlichen Zahlen von 1 bis n berechnet (Gl. 7.2). Die Summe soll einmal durch aufsummieren und einmal durch Verwendung der Summenformel von Gauß berechnet werden.

$$1 + 2 + \ldots + n = \sum_{i=1}^{n} i = \frac{n(n+1)}{2} \qquad (7.2)$$

Dazu implementieren wir zwei Funktionen: sum1() und sum2(). Wie man in Listing 7.3 sehen kann, wird zunächst die Obergrenze der Summe eingelesen (die Variable n). Die Summe wird zuerst mit sum1() berechnet und ausgegeben und anschließend mit sum2().

Listing 7.3 sum_n.cpp

```
 1  // function prototypes
 2  int sum1(int n);
 3  int sum2(int n);
 4
 5  void sum_n(void) {
 6      int n;
 7      int result;
 8
 9      // ask for upper bound
10      cout << "Please enter a natural number: ";
11      cin >> n;
12
13      // calculation using loop
14      result = sum1(n);
15      cout << "Sum 1 = " << result << endl;
16
17      // calculation using explicit formula
18      result = sum2(n);
19      cout << "Sum 2 = " << result << endl;
20  }
21
22  int sum1(int n) {
23      int h = 0;
24
25      // n + (n-1) + (n-2) + ... + 1
26      while (n > 0) {
27          h = h + n;
28          n = n - 1;
29      }
30
31      return h;
32  }
33
```

```
34 int sum2(int n) {
35     // Gauss sum formula
36     return n*(n+1)/2;
37 }
```

Die Funktion sum1() verwendet die lokale Variable h. Diese ist nur in sum1() sichtbar. Lokale Variablen haben nach Deklaration einen *zufälligen Wert*. Deshalb sollte man lokale Variablen bei der Deklaration immer initialisieren, d. h. mit einem Startwert versehen.

Der Übergabeparameter für sum1() und sum2() ist identisch benannt: n. Dies ist kein Problem, weil jede Funktion einen abgegrenzten **Sichtbarkeitsbereich (engl. scope)** hat.

Innerhalb von sum1() wird eine while Anweisung verwendet. Dies ist eine Schleife (Wiederholung). Alle Anweisungen zwischen { und } werden wiederholt, solange die Bedingung im Schleifenkopf (n > 0) wahr ist. Die Ausgabe des Programms lautet:

```
Please enter a natural number: 10
Sum 1 = 55
Sum 2 = 55
```

7.3.1 Algorithmus und Komplexität

Am Beispiel der Summenberechnung lässt sich sehr anschaulich die Komplexität eines Algorithmus erläutern. Bevor wir aber die Komplexität betrachten, sollten wir den Begriff des Algorithmus genauer fassen. Ein *Algorithmus* ist eine Handlungsvorschrift, die in endlich vielen Schritten zu einer gegebenen Problemstellung eine Lösung konstruiert. Der Algorithmus muss nicht zwingend terminieren, d. h. er kann theoretisch auch beliebig lange laufen und die gewünschte Lösung annähern. Der Algorithmus wurde benannt nach dem persischen Gelehrten Abu Dscha'far Muhammad ibn Musa al-Chwarizmi.

In unserem Beispiel zur Summenberechnung haben wir zwei verschiedene Algorithmen zur Berechnung verwendet – einmal per Iteration und einmal per Summenformel. Nun kann man die Frage formulieren: Welcher der beiden Algorithmen ist besser? Um zu beurteilen, wann ein Algorithmus „gut" ist bzw. „besser" als ein anderer Algorithmus benötigen wir ein Maß, um die Güte zu beschreiben. Dieses Maß ist die sogenannte **Komplexität** $\mathcal{O}$ des Algorithmus, welche einen Zusammenhang zwischen der Eingabe und der benötigten Laufzeit bzw. dem benötigten Speicher herstellt. Betrachten wir dazu nochmals unsere Summenberechnung. sum1() macht in Abhängigkeit vom Aufrufparameter n genau n Schleifendurchläufe. Verdoppelt sich n, verdoppeln sich beispielsweise auch die Anzahl der Schleifendurchläufe. Folglich ist die Zeitkomplexität von sum1() linear abhängig von den Eingabedaten. Man sagt, die Zeitkomplexität ist $\mathcal{O}(n)$. Betrachten wir sum2() so stellen wir fest, dass unabhängig von n immer genau eine Anweisung ausgeführt wird. Die Laufzeit dieses Algorithmus ist also konstant. Man sagt auch, die Zeitkomplexität ist $\mathcal{O}(1)$. Nun können wir die Frage, welche der beiden Lösungen besser ist schon genauer beantworten:

unter dem Kriterium der Zeitkomplexität ist die Berechnung per Gauß'sche Summenformel vorzuziehen.

Übungen

1. Starten und testen Sie sum_n() mit verschiedenen Werten.
2. Versuchen Sie aus der sum_n() Funktion auf die Variable h aus sum1() zuzugreifen. Was können Sie beobachten?
3. Ändern Sie sum_n() so ab, dass auf Konsole ausgegeben wird, wie sich die Summe sukzessive aufbaut.

7.4   void Funktionen

Man kann in C++ auch eine Funktion definieren, die keinen Rückgabewert liefert. Dies wird durch das Schlüsselwort void angezeigt. Die Funktion blank() in Listing 7.4 gibt eine beliebige Anzahl von Leerzeilen auf der Konsole aus. blank() liefert aber keinen Rückgabewert, was durch void angezeigt wird. Funktionen die nichts zurückgeben, müssen auch keine return Anweisung besitzen. (Sie können aber optional ein return besitzen, womit die Funktion vorzeitig verlassen wird.)

Listing 7.4 print_blank.cpp

```
 1 void blank(int n); // function prototype
 2
 3 void print_blank(void) {
 4     int num=0;
 5
 6     // ask for #lines
 7     cout << "Number of lines: ";
 8     cin >> num;
 9
10     cout << "first" << endl; // mark first line
11     blank(num); // num blank lines
12     cout << "last" << endl; // mark last line
13 }
14
15 void blank(int n) {
16     while (n > 0) {
17         cout << endl; // print blank line
18         n = n-1;
19     }
20 }
```

Fünf Leerzeilen erscheinen wie folgt:

```
Number of lines: 5
first
```

```
last
```

Ebenso ist es möglich Funktionen zu definieren, die keine Parameter erwarten. Dies wird ebenfalls durch void angezeigt. Die Funktion clrscrn() in Listing 7.5 gibt 60 Leerzeilen auf der Konsole aus, benötigt dafür aber keinen Parameter.

Listing 7.5 clear.cpp

```cpp
 1  void clscrn(void); // function prototype
 2
 3  void clear(void) {
 4      cout << "Hi!" << endl;
 5      clscrn();
 6      cout << "Here I am..." << endl;
 7  }
 8
 9  // clrscrn() takes no parameters and returns nothing
10  void clscrn(void) {
11      int h1 = 60;
12
13      while (h1 > 0) {
14          cout << endl; // print blank line
15          h1 = h1 - 1;
16      }
17  }
```

Analog kann man Funktionen definieren, die zwar einen Rückgabetyp haben, aber keinen Parameter erwarten. void ist ein spezieller Datentyp, dessen Wertebereich leer ist.

 In anderen Programmiersprachen wird explizit zwischen *Prozeduren* (liefern keinen Rückgabewert) und *Funktionen* (liefern einen Rückgabewert) unterschieden. In C++ ist dies nicht der Fall; alle Unterprogramme werden als Funktionen bezeichnet.

7.5   Stream-basierte Ein- und Ausgabe

Wir wollen nun einen genaueren Blick auf die (textbasierte) Ein- und Ausgabe von Daten werfen. In C++ existieren verschiedene *Ein- und Ausgabeströme (engl. input/output streams)*, um Daten zeichenweise einzulesen bzw. auszugeben:

- `cin`: Der Standard-Eingabestrom liest Zeichen von der Konsole ein.
- `cout`: Der Standard-Ausgabestrom gibt Zeichen auf der Konsole aus.
- `cerr`: Der Standard-Fehlerstrom gibt Zeichen auf der Konsole aus, die als „Fehlermeldung" behandelt werden sollen. Sie können vom Betriebssystem von den Standardausgaben über `cout` unterschieden werden (dazu später mehr).

In Listing 7.6 werden nur `cin` und `cout` verwendet. `cout` verwenden Sie immer dann, wenn Sie eine Ausgabe auf der Konsole erzeugen wollen. Um einen Zeilenumbruch zu erzeugen, können Sie entweder das spezielle Zeichen für einen Zeilenumbruch \n ausgeben oder Sie verwenden den Manipulator `endl`. Bei `endl` wird der gesamte Eingabestrom geleert und ein Zeilenumbruch durchgeführt.

Listing 7.6 input_output.cpp

```
 1  void input_output(void) {
 2      char firstname[20];
 3      char surname[20];
 4      string name{};
 5
 6      cout << "First name: "; cin >> firstname;
 7      cout << "Surname:    "; cin >> surname;
 8      cout << "Hello " << firstname << " " << surname
 9          << "!\n" << endl;
10
11      cout << "Name: ";
12      cin >> firstname >> surname;
13      cout << "Hello " << firstname << " " << surname
14          << "!\n" << endl;
15
16      cout << "Pseudonym: ";
17      cin.ignore(numeric_limits<streamsize>::max(),
18          '\n'); // skip remaining chars
19      // read one line from keyboard buffer
20      getline(cin, name);
21      cout << "Hello " << name << "!" << endl;
22  }
```

`cin` verwenden Sie immer dann, wenn Sie die nächsten „zusammenhängenden" Zeichen vom Standard-Eingabestrom lesen wollen. Zusammenhängend bedeutet, dass der Operator >> den Eingabestrom nach bestimmten Trennzeichen durchsucht, in der Regel das Leerzeichen, und anhand dieser Ihre Eingabe zerlegt. Lesen Sie beispielsweise *"Hallo Welt"* mittels `cin >>` ein, liefert der Operator `>>` bei einmaliger Verwendung nur *Hallo*. Um die restlichen Zeichen im Eingabestrom einzulesen, müssen Sie nochmals `cin >>` aufrufen. Das trennende Leerzeichen wird ignoriert. Das ist etwas mühsam, weshalb Sie auch zeilenweise einlesen können. Das zeilenweise Einlesen erfolgt mittels der Funktion `getline()`. Diese erwartet als Aufrufparameter einen Eingabestrom, aus dem gelesen werden soll, und ein `string` Objekt, in der die gelesene Zeile gespeichert werden soll. Etwas kryptisch mutet die Anweisung

```
cin.ignore(numeric_limits<streamsize>::max(), '\n');
```

in Listing 7.6 an. Mit dieser werden noch verbliebene Zeilenendezeichen aus dem Eingabestrom entfernt. Dies ist notwendig, falls man direkt nach dem Einlesen per `cin` zeilenweise einlesen möchte. Dann muss man den Eingabestrom zunächst entleeren und dann eine Zeile lesen. Andernfalls liefert `getline()` nur eine leere Zeile zurück, d. h. der eingelesene String ist dann leer. Das Listing 7.6 erzeugt die folgende Ausgabe:

```
First name: Markus
Surname:    Mathes
Hello Markus Mathes!

Name: Markus Mathes
Hello Markus Mathes!

Pseudonym: MM
Hello MM!
```

Wir haben bisher noch nicht detailliert über Datentypen bzw. Zeichenketten gesprochen. Merken Sie sich für den Moment: Sie können eine Zeichenkette mit zwanzig Zeichen in einer Variablen der Form `char firstname[20]` oder `string name {}` abspeichern. Je nachdem mit welchen Funktionen Sie arbeiten, wird entweder ein `char` Array oder ein `string` Objekt erwartet.

Übung: Einfache Programme

8

Übung 8.0

1. Erstellen Sie ein C++ Programm, welches das Volumen eines Würfels berechnet.
2. Erstellen Sie ein C++ Programm, welches den Flächeninhalt eines Kreises berechnet.
3. Erstellen Sie ein C++ Programm, welches das Volumen eines Zylinders berechnet. Verwenden Sie die bereits implementierte Funktionalität aus 2).

Übung 8.1

Erstellen Sie ein C++ Programm, welches die Fakultät einer Zahl berechnet. Die Fakultät einer Zahl n ist wie folgt definiert:

$$\text{factorial}\,(n) = 1 \cdot 2 \cdot 3 \cdot \ldots \cdot n = n! = \prod_{i=1}^{n} i$$

Das Programm soll folgende Ausgabe erzeugen:

```
factorial(1) = 1
factorial(2) = 2
factorial(3) = 6
factorial(4) = 24
factorial(5) = 120
factorial(6) = 720
factorial(7) = 5040
factorial(8) = 40320
factorial(9) = 362880
```

Für welches n arbeitet ihre Fakultät noch korrekt? Probieren Sie es aus!

© Der/die Autor(en), exklusiv lizenziert an Springer Fachmedien Wiesbaden GmbH, ein Teil von Springer Nature 2022
M. A. Mathes und J. Seufert, *Programmieren in C++ für Elektrotechniker und Mechatroniker*, https://doi.org/10.1007/978-3-658-38501-9_8

Übung 8.2

Schreiben Sie ein C++ Programm, dass Ihre Adresse bestehend aus Straße, Hausnummer, Postleitzahl und Ort einliest. Lesen Sie die Adresse

1. Bestandteil für Bestandteil ein, d. h. erst die Straße, dann die Hausnummer, dann die Postleitzahl und zu guter Letzt den Ort. Speichern Sie die Bestandteile in geeigneten Variablen.
2. Zeile für Zeile ein, d. h. Straße und Hausnummer (Zeile 1), PLZ und Ort (Zeile 2). Speichern Sie die Zeilen in geeigneten Variablen ab.

Übung 8.3

Lesen Sie zwei int Werte von der Tastatur ein, vertauschen Sie deren Inhalt und geben Sie diese wieder aus.

C++ gehört zu den ***typisierten Programmiersprachen***, d. h. jeder Ausdruck und jede Variable muss einen definierten Datentyp besitzen. Außerdem müssen die Datentypen von Funk-
tionsparametern und -rückgabewerten definiert werden. Auch der Datentyp eines Ausdrucks
muss eineindeutig ableitbar sein. Es stehen unterschiedliche (elementare) Datentypen zur
Verfügung, je nachdem, welches Datum gespeichert werden soll:

- boolesche Daten, d. h. Wahrheitswerte (`true`, `false`)
- Zeichen und Symbole (z. B. a, T, +, #, $, 4)
- ganzzahlige Werte ($\mathbb{Z}$)
- Fließkommazahlen ($\mathbb{R}$)

Wie bereits erläutert, handelt es sich bei C++ um eine typisierte Programmiersprache,
d. h. jede Variable besitzt einen bestimmten Datentyp. Was aber ist eine Variable genau?
Eine Variable ist eigentlich eine Vereinfachung (Abstraktion) für die Programmiererin
bzw. den Programmierer, die einer bestimmten Position im Hauptspeicher einen (symboli-
schen) Namen zuordnet. Der Hauptspeicher besteht vereinfacht aus fortlaufend durchnum-
merierten Speicherzellen einer bestimmten Größe (Breite). Die Nummerierung bezeichnet
man auch als ***Adresse***. Die Adresse wird häufig als hexadezimaler Wert angegeben. In
Abb. 9.1 besteht die Adresse aus einer 4-stelligen Hex-Zahl, d. h. es können $2^{16} = 65536$
Speicherzellen adressiert werden. Damit die Programmiererin bzw. der Programmierer sich
nicht merken muss, in welcher Speicherzelle welches Datum gespeichert wurde, erlauben
es höhere Programmiersprachen wie C++ eine Variable mit einem „sprechenden" Namen
zu verwenden.

Eine ***Variablendeklaration*** macht eine Variable beim Compiler bekannt:

```
float radius;
```

© Der/die Autor(en), exklusiv lizenziert an Springer Fachmedien Wiesbaden GmbH, ein   43
Teil von Springer Nature 2022
M. A. Mathes und J. Seufert, *Programmieren in C++ für Elektrotechniker und
Mechatroniker*, https://doi.org/10.1007/978-3-658-38501-9_9

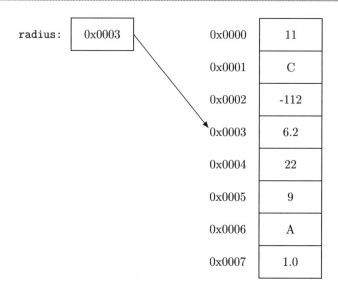

Abb. 9.1 Organisation des Hauptspeichers (vereinfacht)

Man kann eine Variable auch in einem Schritt deklarieren und vorbelegen (initialisieren):

$$\texttt{float radius = 6.2;} \iff \texttt{float radius\{6.2\};}$$

Variante zwei wird auch als Wertinitialisierung bezeichnet. Verwendet man die Form

$$\texttt{float radius\{\};}$$

wählt der Compiler eine passende Initialisierung aus. In der Regel wird dann mit Null initialisiert.

Einer Variablen kann nach deren Deklaration beliebig oft ein neuer Wert zugewiesen werden. Der zugewiesene Wert und der Datentyp der Variablen müssen *zuweisungskompatibel* sein: `radius = 10.0;`.

In C++ unterscheidet man *globale und lokale Variablen*. Die wesentlichen Eigenschaften globaler und lokaler Variablen sind in Tab. 9.1 gegenübergestellt. Prinzipiell sollte man versuchen, auf globale Variablen weitestgehend zu verzichten. Oftmals werden globale Variablen verwendet, um auf bequeme Weise, Daten zwischen verschiedenen Funktionen auszutauschen. Dadurch steigt jedoch die Abhängigkeit der Funktionen untereinander. Man spricht auch von einer *engen Kopplung* der Funktionen. Dies wiederum reduziert die Wiederverwendbarkeit selbiger. Prinzipiell gilt: ***Reduzieren Sie die Verwendung globaler Variablen auf ein Minimum!***

Tab. 9.1 Vergleich globaler und lokaler Variablen

Globale Variablen	Lokale Variablen
Werden vor allen Funktionen deklariert und sind deshalb in allen Funktionen bekannt und verwendbar	Werden innerhalb einer Funktion deklariert und sind deshalb nur innerhalb dieser Funktion sichtbar und verwendbar
Für die gesamte Laufzeit des Programms wird Heap-Speicher reserviert (allokiert)	Stack-Speicher wird erst beim Betreten der deklarierenden Funktion allokiert und beim Verlassen wieder freigegeben
Werden automatisch mit 0 initialisiert	Haben einen zufälligen Anfangswert

9.1 Boolesche Werte

Zur Speicherung eines Wahrheitswertes kann der Datentyp `bool` verwendet werden (Tab. 9.2). `bool` erlaubt die Speicherung der Werte `true` und `false` (*boolesche Literale*). Eine Besonderheit in C++ ist, dass alle Werte gleich 0 als `false` und alle Werte ungleich 0 als `true` interpretiert werden können. Deshalb kann man einen booleschen Wert auch „berechnen". Benannt wurde der Datentyp nach dem englischen Mathematiker, Logiker und Philosophen GEORGE BOOLE.

Listing 9.1 bool_dat.cpp

```
1  void bool_dat(void) {
2      bool var1, var2;
3
4      var1 = (3 > 4);
5      var2 = (3 < 4);
6
7      // Boolean value as number
8      cout << var1 << " " << var2 << endl;
9
10     // Boolean value as text
11     cout.setf(ios_base::boolalpha);
12     cout << var1 << " " << var2 << endl;
13
14     // Boolean value again as number
15     cout.unsetf(ios_base::boolalpha);
16     cout << var1 << " " << var2 << endl;
17 }
```

Tab. 9.2 Boolescher Datentyp

Schlüsselwort	Größe	Wertebereich
bool	8 Bit (1 Byte)	true, false

In Listing 9.1 werden zwei boolesche Variablen var1 und var2 deklariert, die zum Vergleichen der beiden Zahlen 3 und 4 verwendet werden. var1 speichert das Ergebnis des Vergleichs 3 > 4 und var2 das Ergebnis des Vergleichs 3 < 4. Anschließend werden die Werte von var1 und var2 auf der Konsole ausgegeben.

```
0  1
false  true
0  1
```

Standardmäßig gibt der Ausgabestrom cout einen booleschen Wert als Zahl aus (0 = false, 1 = true). Dies lässt sich aber durch setzen des ios_base::boolalpha Flags mittels cout.setf() im Ausgabestrom cout ändern. Dann werden boolesche Werte als Text (false, true) ausgegeben. Möchte man wieder die Darstellung als Zahl, ruft man auf dem Ausgabestrom cout die Methode unsetf() mit dem Parameter ios_base::boolalpha auf.

9.2   Buchstaben und Zeichen

Zur Speicherung von Zeichen gibt es in C++ den elementaren Datentyp char (engl. *character*). Ein char hat die Größe von 8 Bit. Entweder kann man einer char Variablen ein Zeichen (char c1 = 'A';) oder einen Zahlenwert (char c2 = 0x41;) zuweisen. Sollte man einen Zahlenwert zuweisen, wird das zugehörige Zeichen in der *American Standard Code for Information Interchange (ASCII)* Tabelle bei Verwendung nachgeschlagen. Abb. 9.2 zeigt die originale ASCII Tabelle aus dem *Request for Comments (RFC) 20* [26]. Sie ist als Matrix mit 7 Spalten und 15 Zeilen definiert. Die Spalten werden mit den Bits b_7, b_6, b_5 nummeriert, die Zeilen mit den Bits b_4, b_3, b_2, b_1. Durch Konkatenation (Aneinanderhängen) der Bits ergibt sich die komplette Repräsentation eines Zeichens.

Beispiel: ASCII Kodierung von FHWS
F = 100 0110$_2$ (0x46)
H = 100 1000$_2$ (0x48)
W = 101 0111$_2$ (0x57)
S = 101 0011$_2$ (0x53)

Die ersten 128 Positionen der ASCII Tabelle sind im RFC 20 [26] standardisiert. Neben alphanumerischen Zeichen werden dort auch diverse Steuerzeichen definiert:

- SYN (Synchronous Idle): Zeichen zur Kommunikationssteuerung, Synchronisation von Sender und Empfänger
- ACK (Acknowledge): Zeichen zur Kommunikationssteuerung, Empfänger bestätigt Empfang von Daten

```
|--------------------------------------------------------------------|
   B  \ b7 ------------>| 0    | 0    | 0   | 0   | 1   | 1   | 1   | 1   |
   I  \   b6 ---------->| 0    | 0    | 1   | 1   | 0   | 0   | 1   | 1   |
   T  \     b5 -------->| 0    | 1    | 0   | 1   | 0   | 1   | 0   | 1   |
   S                    |-------------------------------------------------|
                COLUMN->| 0    | 1    | 2   | 3   | 4   | 5   | 6   | 7   |
 |b4 |b3 |b2 |b1 | ROW  |      |      |     |     |     |     |     |     |
 +--------------------+-------------------------------------------------+
 | 0 | 0 | 0 | 0 | 0   | NUL  | DLE  | SP  | 0   | @   | P   |  '  |  p  |
 |---|---|---|---|------|------|------|-----|-----|-----|-----|-----|-----|
 | 0 | 0 | 0 | 1 | 1   | SOH  | DC1  | !   | 1   | A   | Q   |  a  |  q  |
 |---|---|---|---|------|------|------|-----|-----|-----|-----|-----|-----|
 | 0 | 0 | 1 | 0 | 2   | STX  | DC2  | "   | 2   | B   | R   |  b  |  r  |
 |---|---|---|---|------|------|------|-----|-----|-----|-----|-----|-----|
 | 0 | 0 | 1 | 1 | 3   | ETX  | DC3  | #   | 3   | C   | S   |  c  |  s  |
 |---|---|---|---|------|------|------|-----|-----|-----|-----|-----|-----|
 | 0 | 1 | 0 | 0 | 4   | EOT  | DC4  | $   | 4   | D   | T   |  d  |  t  |
 |---|---|---|---|------|------|------|-----|-----|-----|-----|-----|-----|
 | 0 | 1 | 0 | 1 | 5   | ENQ  | NAK  | %   | 5   | E   | U   |  e  |  u  |
 |---|---|---|---|------|------|------|-----|-----|-----|-----|-----|-----|
 | 0 | 1 | 1 | 0 | 6   | ACK  | SYN  | &   | 6   | F   | V   |  f  |  v  |
 |---|---|---|---|------|------|------|-----|-----|-----|-----|-----|-----|
 | 0 | 1 | 1 | 1 | 7   | BEL  | ETB  | '   | 7   | G   | W   |  g  |  w  |
 |---|---|---|---|------|------|------|-----|-----|-----|-----|-----|-----|
 | 1 | 0 | 0 | 0 | 8   | BS   | CAN  | (   | 8   | H   | X   |  h  |  x  |
 |---|---|---|---|------|------|------|-----|-----|-----|-----|-----|-----|
 | 1 | 0 | 0 | 1 | 9   | HT   | EM   | )   | 9   | I   | Y   |  i  |  y  |
 |---|---|---|---|------|------|------|-----|-----|-----|-----|-----|-----|
 | 1 | 0 | 1 | 0 | 10  | LF   | SUB  | *   | :   | J   | Z   |  j  |  z  |
 |---|---|---|---|------|------|------|-----|-----|-----|-----|-----|-----|
 | 1 | 0 | 1 | 1 | 11  | VT   | ESC  | +   | ;   | K   | [   |  k  |  {  |
 |---|---|---|---|------|------|------|-----|-----|-----|-----|-----|-----|
 | 1 | 1 | 0 | 0 | 12  | FF   | FS   | ,   | <   | L   | \   |  l  |  |  |
 |---|---|---|---|------|------|------|-----|-----|-----|-----|-----|-----|
 | 1 | 1 | 0 | 1 | 13  | CR   | GS   | -   | =   | M   | ]   |  m  |  }  |
 |---|---|---|---|------|------|------|-----|-----|-----|-----|-----|-----|
 | 1 | 1 | 1 | 0 | 14  | SO   | RS   | .   | >   | N   | ^   |  n  |  ~  |
 |---|---|---|---|------|------|------|-----|-----|-----|-----|-----|-----|
 | 1 | 1 | 1 | 1 | 15  | SI   | US   | /   | ?   | O   | _   |  o  | DEL |
 +--------------------+-------------------------------------------------+
```

Abb. 9.2 Original ASCII Tabelle von 1969 [26]

- NAK (Negative Acknowledge): Zeichen zur Kommunikationssteuerung, Empfänger signalisiert fehlerhaften Datenempfang
- BEL (Bell): Alarmsignal ausgeben
- LF (Line Feed): Zeilenumbruch
- FF (Form Feed): Seitenumbruch
- CR (Carriage Return): Wagenrücklauf zur Spalte 0 in aktueller Zeile

Tab. 9.3 Zeichendatentypen

Schlüsselwort	Größe	Wertebereich
char	8 Bit (1 Byte)	$-2^7 \ldots 2^7 - 1$
unsigned char	8 Bit (1 Byte)	$0 \ldots 2^8 - 1$
wchar_t	32 Bit (4 Byte)	$-2^{31} \ldots 2^{31} - 1$
char16_t	16 Bit (2 Byte)	$-2^{15} \ldots 2^{15} - 1$
char32_t	32 Bit (4 Byte)	$-2^{31} \ldots 2^{31} - 1$

- HT (Horizontal Tabulation): horizontalen Tabulator einfügen
- VT (Vertical Tabulation): vertikalen Tabulator einfügen

Da die Standard ASCII Tabelle nur die ersten 128 Zeichen definiert, ist sie zum Kodieren von nicht-US Zeichensätzen ungeeignet. Deshalb wurden weitere Codetabellen, wie z. B. Unicode (UTF-x), entwickelt, die auch komplexe Zeichensätze wie Chinesisch oder Klingonisch kodieren können. Um solche Codetabellen verwenden zu können, gibt es in C++ die Zeichen Datentypen wchar_t, char16_t und char32_t zur Speicherung von UTF-16 und UTF-32 Zeichen (Tab. 9.3).

Übungen

1. Welche Ausgabe liefert Listing 9.2 und warum?

Listing 9.2 char_dat_ex.cpp

```
 1  void char_dat_ex(void) {
 2      char a = 'm', b, c;
 3
 4      cout << "Please enter 2 characters: ";
 5      cin >> b >> c;
 6
 7      cout << a << b << c << endl;
 8
 9      cout << (a + 0) << " " << (b + 1) << " "
10          << (c + 2) << endl;
11
12      cout << (char)(a + 0) << " "
13          << (char)(b + 1) << " "
14          << (char)(c + 2) << endl;
15  }
```

2. Schreiben Sie ein C++ Programm, das einen Kleinbuchstaben von der Tastatur einliest und in einen Großbuchstaben umwandelt. Falls kein Kleinbuchstabe eingegeben wurde, soll eine Fehlermeldung ausgegeben werden.

9.3   Ganzzahlige Datentypen

Zur Speicherung von ganzen Zahlen ($\mathbb{Z}$) bietet C++ acht elementare Datentypen, die sich in ihrer Größe (Anzahl von Bits) und darin unterscheiden, ob diese vorzeichenlos oder vorzeichenbehaftet sind (Tab. 9.4).

 Gemäß C++ Standard gibt es eigentlich nur einen Ganzzahlentyp (`int`), der über *Modifier* bezüglich Größe und Signierung angepasst werden kann.

Bei den vorzeichenlosen Ganzzahlentypen werden alle verfügbaren Bits zur Speicherung des eigentlichen Zahlenwerts verwendet. Bei n verfügbaren Bits lassen sich deshalb die Zahlenwerte von 0 bis $2^n - 1$ darstellen. Bei den vorzeichenbehafteten Ganzzahlentypen wird ein Bit zur Repräsentation des Vorzeichens verwendet. Dabei steht eine 0 für einen positiven und eine 1 für einen negativen Wert. Bei n verfügbaren Bits lassen sich deshalb nur die Zahlenwerte von -2^{n-1} bis $2^{n-1} - 1$ darstellen. Der Wertebereich wird durch das Vorzeichenbit quasi halbiert.

Die Darstellung der negativen, ganzen Zahlen erfolgt über das *Zweierkomplement*. Hierbei werden alle Bits der positiven Zahl zunächst invertiert und anschließend 1 addiert.

Der Zahlenkreis in Abb. 9.3 zeigt exemplarisch, wie ein *Überlauf* bei einer signierten (vorzeichenbehafteten) 4 Bit Ganzzahl auftreten kann. Bei einer signierten 4 Bit Ganzzahl reicht der Wertebereich von $-2^{4-1} = -8$ bis $2^{4-1} - 1 = 7$ (0 zählt also zu den positiven Zahlen!). Das Bit ganz links – *Most Significant Bit (MSB)* – wird als Vorzeichen verwendet. Beginnt man nun bei 0000_2 in Einerschritten zu zählen, kommt man nach sieben Schritten

Tab. 9.4 Ganzzahlendatentypen

Schlüsselwort	Größe	Wertebereich
`short`	16 Bit (2 Byte)	$-2^{15} \ldots 2^{15} - 1$
`int`	32 Bit (4 Byte)	$-2^{31} \ldots 2^{31} - 1$
`long`	64 Bit (8 Byte)	$-2^{63} \ldots 2^{63} - 1$
`long long`	64 Bit (8 Byte)	$-2^{63} \ldots 2^{63} - 1$
`unsigned short`	16 Bit (2 Byte)	$0 \ldots 2^{16} - 1$
`unsigned int`	32 Bit (4 Byte)	$0 \ldots 2^{32} - 1$
`unsigned long`	64 Bit (8 Byte)	$0 \ldots 2^{64} - 1$
`unsigned long long`	64 Bit (8 Byte)	$0 \ldots 2^{64} - 1$

Abb. 9.3 Signierte 4 Bit
Ganzzahl [16]

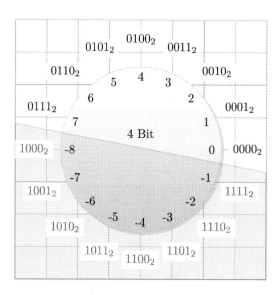

bei 0111_2 an; das ist die größte mögliche positive Zahl. Addiert man nochmals 1 wird das MSB auf 1 gesetzt, d. h. jetzt befinden wir uns im negativen Zahlenbereich. Tatsächlich handelt es sich um die kleinstmögliche negative Zahl (-8):

$1000_2 = -1 \cdot 2^3 + 0 \cdot 2^2 + 0 \cdot 2^1 + 0 \cdot 2^0 = -8_{10}$ oder

1000_2 bitweise invertieren ergibt 0111_2 plus 1 ergibt 8 $\implies 1000_2 = -8_{10}$

 Ein Überlauf des Wertebereichs kann in C++ beim Arbeiten mit `int` Variablen jederzeit auftreten. Der Compiler meldet einen solchen Überlauf *nicht*, d. h. die Programmiererin bzw. der Programmierer muss selbst prüfen, dass er nicht über Wertebereichsgrenzen hinaus zählt. Wir werden noch sehen, dass insbesondere bei Zählvariablen in Schleifen ein solcher Überlauf zu einer Endlosschleife führen kann. Sollte die Abbruchbedingung größer gewählt werden, als der Wertebereich der Zählvariablen, kommt es zu einer Endlosschleife.

Übung

Welche Ausgabe erzeugt Listing 9.3 und warum?

Listing 9.3 int_dat_ex.cpp

```
1  void int_dat_ex(void) {
2      short a = 17000, b = 17000, c;
3      unsigned short x = 17000, y = 17000, z;
4      long i = 17000, j = 17000, k;
5
6      c = a + b;
```

```
 7      z = x + y;
 8      k = i + j;
 9
10      cout << c << endl;
11      cout << z << endl;
12      cout << k << endl;
13  }
```

9.4 Fließkommadatentypen

Die Fließkommadatentypen dienen zur Speicherung von reellen Zahlen ($\mathbb{R}$), d. h. von Zahlen mit Nachkommastellen. Das eigentliche Komma wird hier aber als ein Punkt (z. B. 2.5) angegeben. Obwohl der Wertebereich deutlich größer als bei den ganzzahligen Datentypen ist, kann es trotzdem zu einem Überlauf kommen (Tab. 9.5).

Die Hauptbesonderheit liegt aber darin, dass die Fließkommadatentypen nur mit einer bestimmten *Genauigkeit* rechnen. Je weiter man sich von der Null nach links ins Negative oder nach rechts ins Positive entfernt, desto gröber wird die „Auflösung" der Fließkommazahl. Daraus ergibt sich die folgende Regel: Prüfen Sie Fließkommawerte niemals auf Gleichheit, sondern definieren Sie ein ε, um das sich zwei Fließkommawerte maximal unterscheiden dürfen, wie in Listing 9.4 gezeigt.

Listing 9.4 float_test.cpp

```
 1  void float_test(void) {
 2
 3      float f1{0.1}, f2{0.1};
 4
 5      float result = f1 * f2;
 6
 7      // 2 digits after floating point
 8      cout << setprecision(2) << fixed;
 9      cout << "0.1 * 0.1 = " << result << endl;
10
11      if (result == 0.01) {
12          cout << "result == 0.01 ? "
13              << "YES!" << endl;
14      } else {
15          cout << "result == 0.01 ? "
16              << "NO!" << endl;
17      }
18
19      // 10 digits after floating point
20      cout << setprecision(10) << fixed;
21      cout << endl << "0.1 * 0.1 = "
22          << result << endl << endl;
23
24      // 2 digits after floating point
25      cout << setprecision(2) << fixed;
```

```
26    if (fabs(result - 0.01) < 0.0001) {
27        cout << "|result - 0.01| < 0.0001 ? "
28            << "YES!" << endl;
29    } else {
30        cout << "|result - 0.01| < 0.0001 ?"
31            << "NO!" << endl;
32    }
33 }
```

Listing 9.4 liefert die folgende Ausgabe:

```
0.1 * 0.1 = 0.01
result == 0.01 ? NO!
0.1 * 0.1 = 0.0100000007

0.01 - 0.01 = 0.00
YES!
```

Wie man sehen kann, ergibt die Multiplikation `0.1*0.1` nicht exakt 0,01. Dies ist der Genauigkeit der (internen) Speicherung von Fließkommawerten gemäß IEEE 754 geschuldet. Je nachdem, wie genau die Ausgabeformatierung eingestellt ist, wird dieser Sachverhalt aber nicht direkt ersichtlich. Bei Verwendung von zwei Nachkommastellen erkennt man nicht, dass 0,01 nicht exakt gespeichert wurde. Deshalb wird in der zweiten `if` Anweisung gegen $\varepsilon = 0,0001$ geprüft, d. h. falls das Ergebnis der Berechnung von (`0.1*0.1`) und die Fließkommazahl `0.01` sich betragsmäßig um weniger als 0,0001 unterscheiden, wird `YES!` ausgegeben.

Bei der Ausgabe einer Fließkommazahl kann über `setprecision()` (Listing 9.4) oder `cout.precision()` (Listing 9.5) die Präzision der Darstellung festgelegt werden.

Tab. 9.5 Fließkommadatentypen

Schlüsselwort	Größe	Wertebereich
float	32 Bit (4 Byte)	definiert im Standard Institute of Electrical and Electronics Engineers (IEEE) 754
double	64 Bit (8 Byte)	definiert im Standard IEEE 754
long double	128 Bit (16 Byte)	

Listing 9.5 float_dat.cpp

```
 1  void float_dat(void) {
 2      float x = 12.3456789,
 3          y = 123456789e-7;
 4
 5      double v = 1234567890,
 6          w = 1.234567890e9;
 7
 8      cout.precision(4);
 9      cout << x << "     " << y << endl;
10      cout.precision(8);
11      cout << v << "     " << w << endl;
12  }
```

Listing 9.5 liefert die Ausgabe

```
12.35      12.35
1.2345679e+09      1.2345679e+09
```

9.5 Größenermittlung mit sizeof

Die Größe der elementaren Datentypen kann variieren, je nachdem, auf welcher Plattform (Rechnersystem + Betriebssystem) und mit welchem Compiler man arbeitet. Deshalb kann man die Größe mithilfe des sizeof Operators ermitteln, wie in Listing 9.6 gezeigt.

Listing 9.6 datatypes.cpp

```
 1  void datatypes(void) {
 2      bool b; // boolean datatype
 3
 4      // character datatype
 5      char c;
 6      wchar_t wc;
 7      char16_t c16;
 8      char32_t c32;
 9
10      // integer datatypes
11      short s;
12      int i;
13      long l;
14      long long ll;
15
16      // floating point datatypes
17      float f;
18      double d;
19      long double ld;
20
21      cout << "sizeof(bool)       : "
22          << sizeof (b) << endl;
```

```
23
24      cout << "sizeof(char)        : "
25          << sizeof (c) << endl;
26      cout << "sizeof(wchar_t)     : "
27          << sizeof (wc) << endl;
28      cout << "sizeof(char16_t)    : "
29          << sizeof (c16) << endl;
30      cout << "sizeof(char32_t)    : "
31          << sizeof (c32) << endl;
32
33      cout << "sizeof(short)       : "
34          << sizeof (s) << endl;
35      cout << "sizeof(int)         : "
36          << sizeof (i) << endl;
37      cout << "sizeof(long)        : "
38          << sizeof (l) << endl;
39      cout << "sizeof(long long)   : "
40          << sizeof (ll) << endl;
41      cout << "sizeof(float)       : "
42          << sizeof (f) << endl;
43      cout << "sizeof(double)      : "
44          << sizeof (d) << endl;
45      cout << "sizeof(long double) : "
46          << sizeof (ld) << endl;
47  }
```

Es werden die Größen der elementaren Datentypen (Bool, Zeichen, Ganzzahl, Fließkomma-zahl) auf der Konsole ausgegeben. Der Rückgabetyp von `sizeof` ist eine Konstante vom Datentyp `std::size_t` – ein unsignierter Ganzzahlendatentyp. `std:size_t` erlaubt die Speicherung der maximalen Größe eines beliebigen Datentyps und kann deshalb auf beliebigen Plattformen genutzt werden. `std::size_t` wird auch oft zur Indexierung von Arrays oder als Schleifenzähler verwendet.

Der C++ Standard garantiert, dass folgende Relation immer erfüllt ist:

```
1 == sizeof(char) <= sizeof(short) <= sizeof(int)
<= sizeof(long) <= sizeof(long long)
```

Auf der Plattform auf der dieses Buch erstellt wurde, ergibt sich folgende Ausgabe:

```
sizeof(bool)        : 1
sizeof(char)        : 1
sizeof(wchar_t)     : 4
sizeof(char16_t)    : 2
sizeof(char32_t)    : 4
sizeof(short)       : 2
sizeof(int)         : 4
sizeof(long)        : 8
sizeof(long long)   : 8
```

```
sizeof(float)       : 4
sizeof(double)      : 8
sizeof(long double) : 16
```

9.6 Definition von Konstanten

Größen, deren Werte sich während der Laufzeit des Programms sicher nicht ändern, können als Konstanten definiert werden. Zur Definition einer Konstanten wird das Schlüsselwort const verwendet.

Listing 9.7 Definition einer Konstanten

```
1 const float PI = 3.1415;
2 const float VAT = 1.19;
```

Konstanten sollten am Anfang des Programms vor allen Funktionen definiert werden. Die Bezeichner von Konstanten werden üblicherweise in GROSSBUCHSTABEN geschrieben. Versucht man eine Konstante nach deren Definition zu ändern, führt dies zu einem Compiler-Fehler.

 Es ist schon mehrfach der Begriff *Compiler-Fehler* benutzt worden. Dies bedeutet, dass Sie Ihr Programm nicht übersetzen können, weil die Syntax Ihres Programms nicht korrekt ist. Ein vergessenes Semikolon ist ein „beliebter" Syntaxfehler. Es gibt aber auch *Runtime-Fehler*, die zur Laufzeit Ihres Programms auftreten können. Beispielsweise, wenn Sie auf ein Feldindex zugreifen, der nicht existiert. Diese Fehler können durch den Compiler nicht abgefangen werden, da diese z. B. durch falsche Benutzereingaben entstehen.

9.7 Referenzen

In C++ ist es gestattet für eine Variable einen *Alias-Namen* in Form einer Referenz zu vergeben:

Listing 9.8 Verwendung einer Referenz

```
1 int x{5}, y{0};
2 int& r = x; // reference to x
3
4 r = 10; // changes value of x
5 r = y; // equals x=y;
```

Regeln für Referenzen:

- Referenzen müssen bei der Deklaration immer initialisiert werden.
- Referenzen verweisen – einmal initialisiert – immer auf die selbe Variable.
- Pro Variable können mehrere Referenzen (Aliase) angelegt werden.
- Referenzen können nicht auf „nichts" verweisen.

9.8 (Komplexe Zahlen)

In C++ haben Sie die Möglichkeit mit komplexen Zahlen zu rechnen. Es handelt sich bei den komplexen Zahlen zwar *nicht* um einen elementaren Datentyp, sondern um eine Klasse, aber im Bereich der Elektrotechnik und Mechatronik ist dieser Datentyp von besonderem Interesse. Deshalb besprechen wir ihn bereits jetzt. Um mit komplexen Zahlen in ihrem C++ Programm umgehen zu können, müssen Sie zunächst die Header-Datei **complex** einbinden. In dieser sind alle wichtigen Operationen auf komplexen Zahlen definiert.

Listing 9.9 complex_numbers.cpp

```
 1  void complex_numbers(void) {
 2      // creating a complex number
 3      complex<double> z1 = 1.0 + 1i; // from literal
 4      complex<double> z2 = -1.0 - 1i; // from literal
 5      complex<double> z3(1, 2); // using constructor
 6      complex<double> z4(3, 4); // using constructor
 7
 8      // from exponential form
 9      double PI = acos(-1); // calculate PI
10      complex<double> z5 =
11          polar(sqrt(1.0), 45.0 * PI / 180.0);
12
13      cout << "z1 = " << z1 << endl;
14      cout << "z2 = " << z2 << endl;
15      cout << "z3 = " << z3 << endl;
16      cout << "z4 = " << z4 << endl;
17      cout << "z5 = " << z5 << endl;
18
19      // operations with complex numbers
20      cout << "z1 + z2 = " << (z1 + z2) << endl;
21      cout << "z1 - z2 = " << (z1 - z2) << endl;
22      cout << "z1 * z2 = " << (z1 * z2) << endl;
23      cout << "z1 / z2 = " << (z1 / z2) << endl;
24
25      cout << "Re{z1} = " << real(z1) << endl;
26      cout << "Im{z1} = " << imag(z1) << endl;
27
28      cout << "|z5| = " << abs(z5) << endl;
29      cout << "angle z5 = " << arg(z5) << "rad = " <<
30          (arg(z5)*180.0/PI) << "deg" << endl;
31  }
```

In Listing 9.9 sehen Sie, wie eine komplexe Zahl aus einem Literal, mit Hilfe eines Kon-struktors und aus der Exponentialform erzeugt werden kann. Besonders interessant ist, dass Sie auch die imaginäre Einheit j innerhalb eines Literals verwenden können. Haben Sie komplexe Zahlen erzeugt, können Sie auf diesen Addition, Subtraktion, Multiplikation, etc. ausführen. Dabei funktioniert die Addition, wie bei komplexen Zahlen üblich: komponen-tenweise. Analoges gilt auch für die übrigen Operationen: diese sind redefiniert basierend auf den Rechenregeln für komplexe Zahlen. Eine Übersicht aller Funktionen und Operationen auf komplexen Zahlen finden Sie hier [7].

Für die Exponentialform ist zu bemerken, dass diese den Winkel in Radiant erwartet und nicht in Grad. Deshalb wird in obigem Beispiel in Zeile 9 zwischen Grad und Radiant mittels der Kreiszahl $\pi = arccos(-1)$ umgerechnet. Sie können die Umrechnung aber auch unter Zuhilfenahme der Konstanten M_PI durchführen. Diese ist in der Headerdatei cmath definiert.

```
z1 = (1,1)
z2 = (-1,-1)
z3 = (1,2)
z4 = (3,4)
z5 = (0.707107,0.707107)
z1 + z2 = (0,0)
z1 - z2 = (2,2)
z1 * z2 = (0,-2)
z1 / z2 = (-1,0)
Re{z1} = 1
Im{z1} = 1
|z5| = 1
angle z5 = 0.785398rad = 45deg
```

Operatoren

In imperativen Programmiersprachen wie C++ kann man sogenannte **Ausdrücke (engl. expressions)** formulieren, die eine auswertbare Berechnung darstellen. Mithilfe von Operatoren lassen sich ein, zwei oder drei Operanden zu einem Ausdruck verbinden, der ausgewertet werden kann. Dementsprechend unterscheidet man zwischen **einstelligen (unären), zweistelligen (binären)** und **dreistelligen (ternären)** Operatoren. Operatoren dienen der Formulierung von Berechnungen, wie beispielsweise 3+4, a&&b, 7.0/b etc.

Beispiele

- Der unäre Operator – liefert den negierten Wert einer Variablen zurück.
- Der binäre Operator % liefert den ganzzahligen Divisionsrest zurück.
- Der ternäre Operator ? : prüft eine Bedingung und wählt zwischen zwei Alternativen aus.

Die Auswertung eines Ausdrucks liefert nicht nur ein Ergebnis, sondern kann auch einen **Seiteneffekt** haben. Beispielsweise hat cout << 2 den Seiteneffekt, dass etwas auf der Konsole ausgegeben wird. Manchmal sind Seiteneffekte beabsichtigt und gewollt, manchmal sind es aber eher „Nebenwirkungen" eines Ausdrucks.

10.1 Arithmetische Operatoren

Die arithmetischen Operatoren (Tab. 10.1) dienen zur Formulierung der Grundrechenarten Addition, Subtraktion, Multiplikation und Division (mit Rest). Die Addition, Subtraktion und Multiplikation bedarf keiner genaueren Betrachtung und verhält sich „wie gewohnt". Bei der Division muss man zwischen einer ganzzahligen Division und einer Division von Fließkommazahlen unterscheiden.

M. A. Mathes und J. Seufert, *Programmieren in C++ für Elektrotechniker und Mechatroniker*, https://doi.org/10.1007/978-3-658-38501-9_10

Tab. 10.1 Arithmetische Operatoren

Operator	Bedeutung	Beispiel
+	Addition	`summand1 + summand2`
–	Subtraktion	`minuend - subtrahend`
*	Multiplikation	`factor1 * factor2`
/	Division	`dividend / divisor`
%	Modulo	`dividend % divisor`

Als Sie in der Grundschule das Dividieren (Teilen) gelernt haben, haben Sie mit Sicherheit zunächst wie folgt geteilt: $5 \div 2 = 2$ Rest 1. Sie haben also das ganzzahlige Ergebnis und den Rest wohl unterschieden, bis Sie Kommazahlen kennengelernt haben. Dann ergab $5 \div 2$ plötzlich 2,5. Jetzt wird das **Teilen mit Rest (Modulo)** wieder relevant. Teilen Sie zwei ganzzahlige Werte, können Sie das ganzzahlige Ergebnis oder den Rest betrachten. Dafür existieren zwei verschiedene Operatoren: / (Ganzzahl) und % (Rest).

Bei den arithmetischen Operatoren gilt: Punkt vor Strich. Sollten Sie eine andere Auswertungsreihenfolge wünschen, dann müssen Sie Klammern (...) verwenden.

Beispiel

In Listing 10.1 sind einige Beispiele für arithmetische Operationen zu sehen. Die Anweisung x = i / j; verdient besondere Beachtung. Man könnte annehmen, dass x nach der Zuweisung den Wert $0,\overline{3}$ besitzt. Dem ist aber nicht so, da die rechte Seite des Ausdrucks eine Division von zwei int Werten ist. Folglich wird eine ganzzahlige Division durchgeführt, welche 0 liefert. Anschließend wird die (ganzzahlige) 0 in eine Fließkommazahl umgewandelt und x zugewiesen.

Listing 10.1 arithmetic_ops.cpp

```
 1  void arithmetic_ops(void) {
 2
 3      int i{1}, j{3};
 4      float y{};
 5      bool b{true}, c{false};
 6
 7      cout << dec; // decimal output format
 8      cout << i + j << " " << i - j << " " << endl;
 9      cout << i * j << " " << i / j << " "
10          << i % j << endl;
11
12      y = i / j; // caution!
13      cout << y << endl;
14
15      y = (float) i / (float) j;
16      cout << y << endl;
```

```
17 │
18 │    cout << b + c << " " << b - c << endl;
19 │ }
```

In Anweisung `x = (float) i / (float) j;` werden die Operanden zunächst in Fließkommazahlen umgewandelt *(expliziter Typecast)* und anschließend die Division durchgeführt. Deshalb ergibt sich hier das erwartete Ergebnis von $0,\overline{3}$.

Die Anweisung `cout << b + c << " " << b - c << endl;` zeigt, dass auch mit booleschen Werten gerechnet werden kann. Dies funktioniert, weil der Compiler hier einen *impliziten Typecast* durchführt (`true` ergibt 1 und `false` ergibt 0). Die Ausgabe des Programms lautet:

```
4  -2
3  0  1
0
0.333333
1  1
```

10.2 Bitoperatoren

Die bitweisen, arithmetischen Operatoren dienen zur Manipulation von ganzzahligen Werten auf Bitebene. Die Operanden müssen deshalb ein ganzzahliger Datentyp oder Literal sein. Tab. 10.2 gibt einen Überblick der bitweisen Operatoren in C++.

Hinweise zu den Operatoren

- Bitweises Invertieren macht aus jeder 0 eine 1 und aus jeder 1 eine 0.
- Bitweises AND liefert 1, genau dann wenn beide Bits gleich 1 sind.

Tab. 10.2 Bitweise Operatoren

Operator	Bedeutung	Beispiel
~	Bitweise invertieren	`~i`
&	Bitweise logisch AND	`a & b`
|	Bitweise logisch OR	`a | b`
^	Bitweise logisch XOR	`a ^ b`
<<	Bitweiser Links-Shift	`1 << 2`
>>	Bitweiser Rechts-Shift	`1 >> 3`

- Bitweises OR liefert 0, genau dann wenn beide Bits gleich 0 sind.
- Bitweises XOR liefert 1, genau dann wenn beide Bits unterschiedlich sind.
- Links-Shift um n Positionen bedeutet Multiplikation mit 2^n.
- Rechts-Shift um n Positionen bedeutet Division durch 2^n.

Beispiel

Betrachten wir das Listing 10.2. Um Mehrdeutigkeiten zwischen dem Gleichheitszeichen = im mathematischen Sinn und der Wertzuweisung zu vermeiden, wird innerhalb dieses Buchs das Symbol ⊢ verwendet, um anzuzeigen, dass eine Variable oder ein Ausdruck einen bestimmten Wert besitzt bzw. zu selbigem ausgewertet werden kann. Die Variablen i, j und k haben die folgenden initialen Werte:

- i ⊢ $FFFF_{16}$ ⊢ $0000\ 0000\ 0000\ 0000\ 1111\ 1111\ 1111\ 1111_2$
- j ⊢ 0000_{16} ⊢ $0000\ 0000\ 0000\ 0000\ 0000\ 0000\ 0000\ 0000_2$
- k ⊢ $F0F0_{16}$ ⊢ $0000\ 0000\ 0000\ 0000\ 1111\ 0000\ 1111\ 0000_2$

Listing 10.2 bit_ops.cpp

```cpp
 1  void bit_ops(void) {
 2
 3      unsigned short i{0xFFFF}, j{0x0000}, k{0xF0F0};
 4
 5      cout << hex << showbase; // hexadecimal output
 6      cout << ~i << endl;
 7      cout << (i & j) << " " << (i | k) << " "
 8          << (i ^ k) << " " << endl;
 9      cout << (k << 4) << " " << (k >> 4) << endl;
10  }
```

Die Funktion liefert die Ausgabe:

```
0xffff0000
0 0xffff 0xf0f
0xf0f00 0xf0f
```

10.3   Logische Operatoren

Die logischen Operatoren (Tab. 10.3) dienen zur Verknüpfung von booleschen Ausdrücken und liefern wieder einen booleschen Ausdruck zurück. Damit lassen sich also aussagenlogische Ausdrücke formulieren.

Der Ausdruck operand1 && operand2 wird genau dann wahr (true), wenn beide Operanden wahr sind, andernfalls falsch (false). Sollte operand1 bereits falsch

Tab. 10.3 Logische Operatoren

Operator	Bedeutung	Beispiel
&&	Logisches UND	a && b
||	Logisches ODER	a || b
!	Logisches NICHT	!a

(false) liefern, wird die Auswertung von operand2 *nicht* durchgeführt, da der Ausdruck insgesamt nicht mehr wahr werden kann *(short-circuit evaluation)*.

Der Ausdruck operand1 || operand2 wird genau dann falsch (false), wenn beide Operanden falsch sind, andernfalls wahr (true). Sollte operand1 bereits wahr (true) sein, wird operand2 *nicht* ausgewertet, da der Ausdruck insgesamt nicht mehr falsch ergeben kann *(short-circuit evaluation)*.

Der Ausdruck !operand ergibt wahr (true), falls operand falsch (false) ist und umgekehrt. Man sagt auch operand wird negiert.

 Manchmal findet man auch die Verwendung von not anstelle von !. Bei not handelt es sich um ein *alternatives Token,* das vom Compiler semantisch genau wie ! interpretiert wird. Es hat jedoch den Vorteil, dass es leichter lesbar bzw. im Quelltext weniger leicht zu übersehen ist.

Beispiel
Wir betrachten Listing 10.3.

Listing 10.3 bool_ops.cpp

```cpp
void bool_ops(void) {
    bool i{true}, j{false};

    cout << boolalpha;

    cout << !i << " " << !j << endl;

    cout << (j && j) << " " << (j && i) << " "
        << (i && j) << " " << (i && i) << endl;
    cout << (j || j) << " " << (j || i) << " "
        << (i || j) << " " << (i || i) << endl;

    cout << (i && false) << " "
        << (i || true) << endl;
    cout << (i && 0) << " " << (i || 1) << endl;
}
```

Es wird folgende Ausgabe erzeugt:

```
false true
false false false true
false true true true
false true
false true
```

10.4   Relationale Operatoren

Die relationalen Operatoren dienen zum Vergleichen von Zahlenwerten auf Gleichheit (==) und Ungleichheit (!=) sowie der Ermittlung der Größenverhältnisse (<, <=, >,>=). Nach Auswertung liefern die relationalen Operatoren einen booleschen Wert zurück.

$$a < b \vdash \begin{cases} \text{true} & \Longleftrightarrow & a \text{ ist echt kleiner als } b \\ \text{false} & \Longleftrightarrow & a \text{ ist größer oder gleich } b \end{cases}$$

Beispiel
Wir betrachten Listing 10.4:

Listing 10.4 rela_ops.cpp

```
 1 void rela_ops(void) {
 2     int i{0xC}, // hexadecimal literal
 3         j{8}, // decimal literal
 4         k{0b1000}; // binary literal
 5
 6     cout << boolalpha; // boolean output
 7     cout << (j < k) << " " << (j <= k) << endl;
 8     cout << (j == k) << " " << (j != k) << endl;
 9     cout << (i > j) << " " << (i >= j) << endl;
10 }
```

Es wird folgende Ausgabe erzeugt:

```
false true
true false
true true
```

Tab. 10.4 Inkrement und Dekrement

Operator	Bedeutung	Beispiel
++	Inkrement	++a (Präfix)
		b++ (Postfix)
--	Dekrement	--a (Präfix)
		b-- (Postfix)

10.5   Inkrement und Dekrement

Die Operatoren Inkrement ++ und Dekrement -- dienen zum Erhöhen einer ganzzahligen Variablen um 1 bzw. dem Verringern einer ganzzahligen Variablen um 1. Letztendlich wird zur Variablen 1 addiert (Inkrement) oder von der Variablen 1 subtrahiert (Dekrement).

Eine Besonderheit haben diese Operatoren, weil sie als *Prä- oder Post-Variante* verwendet werden können (Tab. 10.4). In der Prä-Variante (der Operator steht vor dem Operanden) wird der Operand zunächst modifiziert und anschließend im umfassenden Ausdruck verwendet. In der Post-Variante wird hingegen der Operand zuerst im umfassenden Ausdruck verwendet und anschließend wird der Operand modifiziert.

 Sie dürfen niemals zwei dieser Operatoren innerhalb einer Anweisung auf die selbe Variable anwenden. Das Ergebnis einer solchen Anweisung ist undefiniert – obwohl der Compiler sie akzeptieren wird.

Beispiel
Wir betrachten Listing 10.5:

Listing 10.5 inc_dec_ops.cpp

```
1 void inc_dec_ops(void) {
2     short i{124};
3     unsigned short j{2048};
4
5     cout << dec;
6     cout << i-- << " " << --j << endl;
7     cout << i++ << " " << ++j << endl;
8     cout << i << " " << j << endl;
9 }
```

Auswertung
```
cout << i-- << " " << --j << endl;
```

- i wird erst ausgegeben (124) und dann dekrementiert (123).
- j wird erst dekrementiert (2047) und dann ausgegeben (2047).
- i hat den Wert 123.
- j hat den Wert 2047.

```
cout << i++ << " " << ++j << endl;
```

- i wird erst ausgegeben (123) und dann inkrementiert (124).
- j wird erst inkrementiert (2048) und dann ausgegeben (2048).
- i hat den Wert 124.
- j hat den Wert 2048.

Das Beispiel liefert die Ausgabe:
```
124  2047
123  2048
124  2048
```

10.6   Zuweisungsoperatoren

Neben dem „einfachen" Zuweisungsoperator = gibt es noch diverse Kurzschreibweisen, die eine Operation mit einer Zuweisung kombinieren. Nachfolgend finden Sie die Kurzschreibweise und die jeweilige Langform:

- a+=b entspricht a=a+b (Summenzuweisung)
- a-=b entspricht a=a-b (Differenzzuweisung)
- a*=b entspricht a=a*b (Produktzuweisung)
- a/=b entspricht a=a/b (Quotientenzuweisung)
- a%=b entspricht a=a%b (Modulozuweisung)
- a>>=b entspricht a=a>>b (Rechts-Shift-Zuweisung)
- a<<=b entspricht a=a<<b (Links-Shift-Zuweisung)
- a&=b entspricht a=a&b (UND-Zuweisung)
- a|=b entspricht a=a|b (ODER-Zuweisung)
- a^=b entspricht a=a^b (XOR-Zuweisung)

 Jede Wertzuweisung liefert den neu zugewiesenen Wert auch zurück. a*=b ändert beispielsweise a auf das Produkt a*b und liefert den neuen Wert von a auch zurück.

Beispiel

Wir betrachten Listing 10.6:

Listing 10.6 assignment_ops.cpp

```cpp
void assignment_ops(void) {
    int i{5}, j{7}, k, m, n;

    m = (i += 2);
    n = k = (j /= 2);

    cout << dec;
    cout << i << " " << j << " " << endl;
    cout << k << " " << m << " " << n << endl;
}
```

Auswertung

m = (i += 2); ⊢ i = i + 2; m = i;
i ⊢ 7, m ⊢ 7

n = k = (j /= 2); ⊢ j = j / 2; k = j; n = k;
j ⊢ 3, k ⊢ 3, n ⊢ 3

Das Beispiel liefert die Ausgabe:

7   3
3   7   3

10.7 Pointer- und Dereferenzierungsoperator

Tab. 10.5 gibt eine Übersicht der Zeiger- und Strukturoperatoren. Mit Hilfe des & Operators kann man zu einer Variablen deren Speicheradresse anfordern. Um auf den Inhalt einer Zeigervariablen zuzugreifen, gibt des den * Operator. & wird auch als *Referenzierungsoperator* und * als *Dereferenzierungsoperator* bezeichnet. Möchte man ein bestimmtes Element einer Struktur auslesen, kann man den Punktoperator verwenden. Wird die Struktur über eine Zeigervariable referenziert, kann der Zugriff über den Pfeiloperator erfolgen. p-data1 evaluiert zu (*p).data. Der Pfeiloperator ist also eine verkürzte Schreibweise, um mit referenzierten Strukturen zu arbeiten. Näheres zu Zeigern erfahren Sie in Kap. 13.

Tab. 10.5 Operatoren für Zeiger uns Strukturen

Operator	Bedeutung	Beispiel
&	Speicheradresse von	`&i`
*	Inhalt von Speicheradresse	`*ip`
.	Zugriff auf Strukturelement	`address.street`
->	Dereferenzieren und Inhalt lesen	`p->data`

10.8 Besondere Operatoren

C++ kennt noch weitere Operatoren, die sich nur schwer den vorherigen Gruppen von Operatoren zuordnen lassen. Deshalb sind diese in Tab. 10.6 zusammengefasst.

Der Bedingungsoperator ist der *einzige ternäre Operator* in C++ und erlaubt eine Verzweigung zwischen zwei Ausdrücken. Ist der boolesche Ausdruck vor dem Fragezeichen wahr, wird `expr1` ausgewertet, sonst `expr2`.

Der Sequenzoperator erlaubt die Definition einer Sequenz von Ausdrücken, die nacheinander ausgewertet werden. Der Rückgabetyp des Sequenzoperators entspricht dem zuletzt ausgewerteten Operanden der Sequenz.

Der Typumwandlungsoperator (engl. typecast) erlaubt die explizite Umwandlung eines Datentyps in einen anderen. Ist diese Typumwandlung nicht zulässig, erzeugt der Compiler einen Übersetzungsfehler.

Mit `new` und `delete` kann zur Laufzeit des Programms dynamisch neuer Speicher angefordert respektive wieder freigegeben werden. Man spricht auch von *Speicherallokation bzw. -deallokation.* Wie viel Speicher ein laufendes Programm anfordern kann, wird durch das Betriebssystem und letztendlich durch den Hauptspeicher beschränkt.

Tab. 10.6 Besondere Operatoren

Operator	Bedeutung	Beispiel
`? :`	Bedingungsoperator	`<bool> ? <expr1> : <expr2>`
,	Sequenzoperator	`(<expr1>, <expr2>)`
`(<type>)`	Typumwandlungsoperator	`(float) i`
`sizeof()`	Größenermittlungsoperator	`sizeof(i)`
`new`	dynamischen Speicher anfordern (allokieren)	`int_pointer = new int;`
`delete`	dynamischen Speicher freigeben (deallokieren)	`delete int_pointer;`

Beispiel

Listing 10.7 kombiniert einen Bedingungsoperator mit Sequenzoperatoren. Der Bedingungsoperator prüft, ob age >= 18 gilt, was in diesem Fall zu wahr evaluiert. Deshalb wird der Ausdruck vor dem Doppelpunkt ausgeführt. Dieser Ausdruck verwendet den Sequenzoperator, um zwei Ausgaben auf der Konsole zu machen. Beachten Sie, dass der Sequenzoperator Ausdrücke verbindet und keine Anweisungen. Folglich darf nach den Ausgaben *kein Semikolon* stehen.

Listing 10.7 special_ops.cpp

```
 1  void special_ops(void) {
 2      int age{18};
 3
 4      cout << dec;
 5      age >= 18 ?
 6          (cout
 7              << "You are allowed to drive a car."
 8              << endl,
 9           cout
10              << "Your are allowed to poll."
11              << endl
12          ) :
13          (cout
14              << "You are not allowed to drive a car."
15              << endl,
16           cout
17              << "Your are not allowed to poll."
18              << endl
19          );
20  }
```

Die Funktion erzeugt die folgende Ausgabe:
```
You are allowed to drive a car.
Your are allowed to poll.
```

Übungen

1. Welche Ausgabe liefert Listing 10.8 und warum?

Listing 10.8 bit_ops_ex.cpp

```
 1  void bit_ops_ex(void) {
 2      unsigned short i = 0x3f20, c1 = 0x2d, c2 = 0x5a,
 3          c3, c4, c5;
 4
 5      c3 = c1 & c2;
 6      c4 = c1 ^ c2;
 7      c5 = c1 | c2;
 8
 9      cout << hex << showbase;
10      cout << c3 << " " << c4 << " " << c5 << endl;
11      cout << (i >> 2) << " " << (i << 2) << endl;
12  }
```

2. Was ist die Ausgabe von Listing 10.9 und warum?

Listing 10.9 assignment_ops_ex.cpp

```
 1  void assignment_ops_ex(void) {
 2      int i{1}, j{2}, k{3};
 3
 4      cout << dec;
 5
 6      i += j;
 7      j -= k;
 8      cout << i << " " << j << " " << k << endl;
 9
10      k *= i;
11      k *= j;
12      cout << i << " " << j << " " << k << endl;
13
14      k <<= i;
15      cout << i << " " << j << " " << k << endl;
16  }
```

Anweisungen

Jedes C++ Programm ist letztendlich eine *endliche Sequenz* von **Anweisungen (engl. statements)**, die Schritt für Schritt ausgeführt werden. Die Tatsache, dass die Anweisungssequenz endlich ist, sagt aber noch nichts darüber aus, ob ein Programm wirklich terminiert (wir werden Endlosschleifen in Kürze besprechen). Es gibt acht verschiedene Arten von Anweisungen:

1. Ausdrucksanweisungen
2. Verbundanweisungen (Blockanweisung)
3. Deklarationsanweisungen
4. Auswahlanweisungen
5. Iterationsanweisungen
6. Sprunganweisungen
7. `try` Blöcke
8. atomare und synchronisierte Blöcke (nicht Teil dieses Buchs)

11.1 Ausdrucks- und Verbundanweisung

Zwei sehr einfache Anweisungen sind die Ausdrucksanweisung und die Verbundanweisung. Eine *Ausdrucksanweisung* ist ein beliebiger Ausdruck (siehe Kap. 10) gefolgt von einem Semikolon. Sollte der Ausdruck leer sein – also nur ein einzelnes Semikolon – spricht man von einer ***Leeranweisung***. Leeranweisungen werden immer dann verwendet, wenn syntaktisch eine Anweisung gebraucht wird, aber nichts getan werden soll.

Eine ***Verbundanweisung*** (oder Blockanweisung) gruppiert beliebig viele Anweisungen zu einer Anweisung, indem diese durch geschweifte Klammern eingeschlossen werden. Eine Verbundanweisung kommt zum Einsatz, falls syntaktisch genau eine Anweisung erwartet wird, aber mehrere Anweisung ausgeführt werden sollen. Jeder Block, der durch eine Ver-

M. A. Mathes und J. Seufert, *Programmieren in C++ für Elektrotechniker und Mechatroniker*, https://doi.org/10.1007/978-3-658-38501-9_11

bundanweisung geöffnet wird, hat seinen eigenen *Sichtbarkeitsbereich (engl. scope)*, d. h. alle Variablen, die innerhalb des Block angelegt werden, gelten nur dort und werden am Ende des Blocks zerstört.

Eine *Deklarationsanweisung* haben wir schon mehrfach verwendet, um Variablen zu deklarieren, d. h. innerhalb des Programms verfügbar zu machen. Die Deklaration kann mit einer Initialisierung einhergehen, wie bereits des Öfteren gezeigt.

Beispiel
In Listing 11.1 werden die Variablen i und j mittels Deklarationsanweisungen verfügbar gemacht. Variable i wird in einem Schritt deklariert und initialisiert, d. h. i bekommt den Startwert 1. j wird zunächst mit einer Deklarationsanweisung bekannt gemacht. Anschließend wird mittels einer Ausdrucksanweisung ein Wert zugewiesen, in diesem Fall 2.

Das einzelne Semikolon ist eine Leeranweisung, d. h. hier wird nichts ausgeführt. Tatsächlich wird der Compiler im Rahmen der *Codeanalyse* feststellen, das diese Anweisung für das Programmverhalten keine Bedeutung hat und es im Rahmen der *Codeoptimierung* entfernen.

Innerhalb der Blockanweisung werden zwei Block-lokale Variablen i und j deklariert. Diese beiden Variablen haben exakt die gleichen Bezeichner wie die Variablen im umfassenden Block. Deshalb überdecken die inneren Variablen i und j die äußeren. Die Variable k wird nur innerhalb des Blocks deklariert (und initialisiert), d. h. nach dem Block ist diese nicht mehr verfügbar. Das ist der Grund, warum die letzte auskommentierte Anweisung einen Compiler-Fehler erzeugen würde: k ist hier nicht mehr bekannt.

Listing 11.1 expr_block_statements.cpp

```
 1  void expr_block_statements(void) {
 2
 3      int i = 1; // declaration with init
 4      int j; // only declaration
 5      j = 2; // assignment
 6
 7      ; // empty expression
 8
 9      // block statement
10      {
11          int i, j; // local i and j
12          i = 10;
13          j = 11;
14
15          int k = 5;
16      }
17
18      cout << i << " " << " " << j << endl;
19      // cout << k << endl; // compiler error: unknown k
20  }
```

Das Programm erzeugt die Ausgabe:

```
1    2
```

11.2 Verzweigung

Mit Hilfe einer Verzweigung kann zur Laufzeit des Programms entschieden werden, ob eine (oder mehrere) Anweisungen ausgeführt werden sollen oder nicht. Damit haben Sie die Möglichkeit *alternative Abläufe* innerhalb Ihres Programms zu formulieren und somit dynamisch zu reagieren, beispielsweise auf unterschiedliche Benutzereingaben (Abb. 11.1).

In der einfachsten Form (Abb. 11.1a) hat eine Verzweigung die Syntax:

```
if ( <condition> ) <statement-true> ;
```

`condition` ist ein boolescher Ausdruck, der zu `true` oder `false` ausgewertet werden kann. Ergibt die Auswertung `true`, wird `statement-true` ausgeführt. Ergibt die Auswertung `false`, wird nichts ausgeführt, d. h. das der Programmablauf wird hinter der Verzweigung fortgesetzt.

Man kann aber auch einen `else` Zweig formulieren (Abb. 11.1b):

```
if ( <condition> ) <statement-true> else <statement-false> ;
```

Bei obiger Anweisung wird für den Fall, dass `condition` zu `false` ausgewertet wird, das `statement-false` ausgeführt.

Bitte beachten Sie:

- `statement-true` und `statement-false` sind jeweils genau eine Anweisung. Möchte man also mehrere Anweisung im `true` bzw. `false` Zweig ausführen, benötigt man eine Verbundanweisung. Wir empfehlen *immer* eine Verbundanweisung zu verwenden, um die Lesbarkeit ihres Programms zu erhöhen und Fehlern vorzubeugen.
- Alle Variablen, die im `true` Zweig deklariert werden, sind nur dort sichtbar. Analoges gilt für den `false` Zweig.

Beispiel 1
Listing 11.2 zeigt ein Beispiel für eine `if-else` Anweisung.

Abb. 11.1 Verzweigungsanweisung

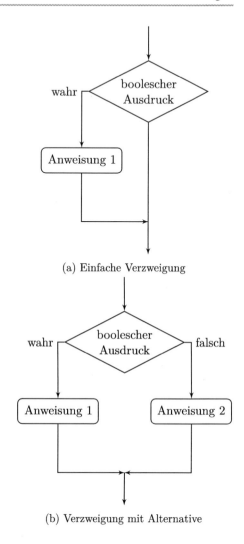

(a) Einfache Verzweigung

(b) Verzweigung mit Alternative

Listing 11.2 branch_statements.cpp (Ausschnitt)

```
1      bool b{true};
2      cout << boolalpha;
3
4      if (b) {
5          cout << b << endl;
6      }
7
8      b = false;
9      if (b) {
10         cout << b << endl;
11     } else {
```

```
12            cout << b << endl;
13        }
```

Die Ausgabe des Programms lautet:

```
true
false
```

Beispiel 2

Wir betrachten nun Listing 11.3.

Listing 11.3 if_else_example.cpp

```
 1 void if_else_example(void) {
 2
 3     int grade{};
 4     cout << "Please enter a number from 1 to 5: ";
 5     cin >> grade;
 6
 7     if (grade == 1)
 8         cout << "Very good!" << endl;
 9     else if (grade == 2)
10         cout << "Good!" << endl;
11     else if (grade == 3)
12         cout << "Satisfying!" << endl;
13     else if (grade == 4)
14         cout << "Sufficient!" << endl;
15     else if (grade == 5)
16         cout << "Insufficient!" << endl;
17     else
18         cout << "Wrong input." << endl;
19 }
```

Übungen

1. In Listing 11.3 werden die Noten von 1 bis 5 in die jeweilige Prosaform „übersetzt".
   Dazu werden mehrere geschachtelte if-else Anweisungen verwendet.

   – Die Darstellung ist kompakt, aber etwas unübersichtlich. Versuchen Sie den logischen Ablauf durch Verwendung von Verbundanweisungen und Einrückungen etwas übersichtlicher zu gestalten.

   – Zu welchem if gehört das letzte else in obigem Programm?

2. Schreiben Sie ein C++ Programm, welches eine Zahl vom Benutzer einliest und feststellt, ob die Zahl gerade oder ungerade ist. Geben Sie eine entsprechende Meldung auf
   der Konsole aus.
3. Schreiben Sie ein C++ Programm, welches vom Benutzer eine Zahl zwischen 1 und 20
   einliest und entscheidet, ob die Zahl prim ist. Zur Erinnerung: eine Zahl ist prim, genau
   dann wenn sie nur durch 1 und sich selbst ohne Rest teilbar.

11.3 Mehrfachverzweigung

Wir haben bereits im vorherigen Beispiel gesehen, dass man zwischen mehreren Alternativen
auswählen kann, indem man mehrere Verzweigungen ineinander verschachtelt. Das führt
oftmals zu sehr „sperrigen" if-else Konstruktionen, die sich nur schwer nachvollziehen
lassen. Deshalb gibt es in C++ die Möglichkeit der Mehrfachverzweigung (Abb. 11.2).

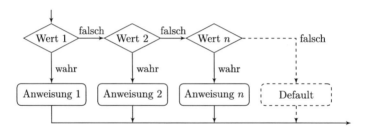

Abb. 11.2 Flussdiagramm switch Anweisung

Die Syntax der switch Anweisung ist:

$$\text{switch (<condition>) <statement> ;}$$

condition ist ein ganzzahliger oder enumerierter Datentyp, der zunächst ausgewertet
wird. Das statement ist in der Regel eine Verbundanweisung, innerhalb derer mehrere
case Labels auftauchen können. Der Kontrollfluss springt zu dem case Label, welches
den gleichen konstanten Ausdruck hat, wie condition. Trifft keines der case Labels
zu und es existiert ein default Label, wechselt der Kontrollfluss dort hin. Am Ende
jedes case Blocks muss eine break Anweisung verwendet werden, um zu verhindern,
dass der Kontrollfluss in den nächsten case Block übergeht. Ist dies explizit gewünscht,
sollte man diese Stelle besonders hervorheben, beispielsweise durch einen Kommentar /*
fallthrough */.

Manche Compiler erzeugen eine Warnung, falls keine `break` Anweisung verwendet wird. Dies kann man durch Verwendung des Attributs `[[fallthrough]]` verhindern. Dies ist aber erst ab C++ Version 17 möglich.

Beispiel 1

Wir betrachten Listing 11.4. Die Integer Variable `i` wird verwendet, um zwischen mehreren Alternativen zu verzweigen. Da `i` mit dem Wert 2 initialisiert wurde, wird `case 2:` ausgewählt. Dort ist eine Ausgabeanweisung zu finden. Da `case 2:` nicht mit einem `break` abgeschlossen wurde, geht der Kontrollfluss direkt ins nächste `case:` über. Sollte `i` einen anderen Wert als 1, 2 oder 3 besitzen wird `default:` angesprungen, was hier aber nicht der Fall ist.

Eine Besonderheit ist bei `case 1:` zu sehen. Da innerhalb von `case 1:` eine Variable deklariert und initialisiert wird, muss hier eine Verbundanweisung stehen. Dadurch entsteht ein eigener Gültigkeitsbereich (Scope) für `j`, d. h. `j` ist nur noch innerhalb von `case 1:` sichtbar. Dadurch wird verhindert, dass die Initialisierung der Variablen `j` beim direkten Sprung zu `case 2:`, `case 3:` oder `default:` quasi „übersehen" wird, diese dort aber gültig wäre.

Listing 11.4 branch_statements.cpp (Ausschnitt)

```
1    int i{2};
2    switch (i) {
3        case 1:
4        {
5            int j = 0;
6            cout << "1" << endl;
7            break;
8        }
9        case 2:
10           cout << "2" << endl;
11           /* fallthrough */
12       case 3:
13           cout << "3" << endl;
14           break;
15       default:
16           cout << "Not 1, 2 or 3." << endl;
17           break;
18   }
```

Beispiel 2

Die Ausgabe einer Note als Text lässt sich mittels einer Mehrfachverzweigung übersichtlich und gut verständlich darstellen (Listing 11.5).

Listing 11.5 switch_example.cpp

```cpp
void switch_example(void) {
    int grade{0};
    cout << "Please enter a number from 1 to 5: ";
    cin >> grade;

    switch (grade) {
        case 1:
            cout << "Very good!" << endl;
            break;
        case 2:
            cout << "Good!" << endl;
            break;
        case 3:
            cout << "Satisfying!" << endl;
            break;
        case 4:
            cout << "Sufficient!" << endl;
            break;
        case 5:
            cout << "Insufficient!" << endl;
            break;
        default:
            cout << "Wrong input." << endl;
            break;
    }
}
```

11.4 Iterationsanweisungen

In sozialen Netzwerken findet man des Öfteren folgende Scherzaufgabe: Man soll die nachfolgende Ausgabe erzeugen, d. h. 5 Zeilen mit jeweils 5 Sternen ausgeben oder allgemeiner *n* Zeilen mit jeweils *n* Sternen.

```
*
* *
* * *
* * * *
* * * * *
```

Die „Antwort" auf diese Frage sehen Sie nachfolgend. Man verwendet einfach 5 cout Anweisungen mit unterschiedlichem Inhalt.

Listing 11.6 „Manuelles" Iterieren

```
1  cout << "*" << endl;
2  cout << "**" << endl;
3  cout << "***" << endl;
4  cout << "****" << endl;
5  cout << "*****" << endl;
```

Wesentlich eleganter und flexibler wäre es natürlich, wenn wir vom Benutzer erfragen könnten, wie viele Zeilen er ausgeben möchte und dann die gewünschte Ausgabe durch *Wiederholung* von Anweisungen erzeugen könnten. Genau zu diesem Zweck gibt es *Iterationsanweisungen (Schleifen)*: sie wiederholen eine Menge von Anweisungen, bis eine vorgegebene *Abbruchbedingung* erreicht ist. In C++ gibt es vier verschiedene Iterationsanweisungen:

1. while Schleife
2. do-while Schleife
3. for Schleife
4. range-for Schleife

 while, for und range-for werden auch als *abweisende (kopfgesteuerte) Schleifen* bezeichnet, weil diese Schleifen auch gar nicht ausgeführt werden können, falls die Abbruchbedingung zu Beginn schon falsch ist. Die do-while Schleife ist hingegen eine *annehmende (fußgesteuerte) Schleife*, weil sie zumindest einmal durchlaufen wird.

11.4.1 while Schleife

Die allgemeine Syntax der while Schleife lautet

$$\text{while (} \textit{<condition>} \text{) } \textit{<statement>} \text{ ;}$$

und ist in Abb. 11.3 dargestellt.

condition wird auch als **Schleifenkopf** bezeichnet und statement als **Schleifenrumpf**. Solange condition zu true ausgewertet wird, wird statement ausgeführt. Sobald condition zu false ausgewertet wird, wird die Schleife verlassen. statement kann eine einzelne Anweisung oder eine Verbundanweisung sein. Wir empfehlen immer die Verwendung der Verbundanweisung, da der Code dadurch oftmals leichter lesbar und leichter wartbar wird.

Beispiel

Listing 11.7 zeigt die Verwendung einer while Schleife zur Durchführung einer ganzzahligen Division. Solange der dividend größer oder gleich dem divisor ist, wird

Abb. 11.3 Flussdiagramm
while Schleife

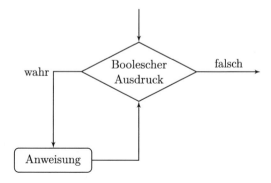

der dividend um den divisor verringert. Die Anzahl der Schleifendurchläufe entspricht dem ganzzahligen Quotienten. Der dividend entspricht nach dem Durchlaufen der Schleife dem Rest.

Listing 11.7 while_example.cpp

```
 1 void while_example(void) {
 2     short dividend, divisor, result = 0;
 3
 4     cout << "Dividend: ";
 5     cin >> dividend;
 6     cout << "Divisor: ";
 7     cin >> divisor;
 8
 9     cout << dividend << " DIV " << divisor << " = ";
10     while (dividend >= divisor) {
11         dividend = dividend - divisor;
12         result++;
13     }
14     cout << result << " Remainder "
15         << dividend << endl;
16 }
```

Die Ausgabe des Programms lautet:

```
Dividend: 12
Divisor: 5
12 DIV 5 = 2 Remainder 2
```

11.4.2 do-while Schleife

Eine do-while Schleife funktioniert ähnlich, wie eine while Schleife, bis auf die Tatsache, dass der boolesche Ausdruck erst am Ende des Schleifenrumpfs geprüft wird (Abb.

11.4). Evaluiert der boolesche Ausdruck zu `true`, wird der Schleifenrumpf wiederholt; evaluiert er zu `false`, wird die Schleife verlassen.

Abb. 11.4 Flussdiagramm
`do-while` Schleife

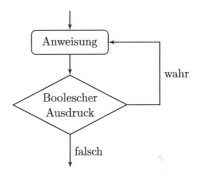

Die allgemeine Syntax der `do-while` Schleife lautet

```
do <statement> while ( <expression> ) ;
```

und wird in Abb. 11.4 dargestellt.

Das *statement* ist zumeist eine Verbundanweisung. Es ist aber jede beliebige Anweisung möglich. Beachten Sie, dass nach dem booleschen Ausdruck ein Semikolon stehen *muss*.

Beispiel

Möchte man die ganzzahlige Division mit Hilfe der `do-while` Schleife abbilden, muss man beachten, dass die Schleife nicht ausgeführt werden darf, falls `divisor` größer als `dividend` ist. Das kann man zunächst mit einer `if` Anweisung abfangen oder die Schleife für diesen Fall mit `break` verlassen.

Listing 11.8 do_while_example.cpp

```
 1  void do_while_example(void) {
 2      short dividend, divisor, result = 0;
 3
 4      cout << "Dividend: ";
 5      cin >> dividend;
 6      cout << "Divisor: ";
 7      cin >> divisor;
 8
 9      cout << dividend << " DIV " << divisor << " = ";
10      if (dividend >= divisor)
11          do {
12              dividend = dividend - divisor;
```

```
13          result++;
14      } while (dividend >= divisor);
15
16    cout << result << " Remainder "
17        << dividend << endl;
18 }
```

11.4.3 `for` Schleife

Die formale Syntax einer `for` Schleife lautet

```
for ( <init-statement> ; <condition> ; <iteration_expression> )
<statement>
```

und ist in Abb. 11.5 dargestellt.

init-statement wird verwendet, um einen Schleifenzähler zu deklarieren. *condition* ist ein boolescher Ausdruck, der die Abbruchbedingung formuliert. Die sogenannte *iteration_expression* ist ein Ausdruck, der nach jedem Schleifendurchlauf ausgeführt wird – in der Regel die Modifikation des Schleifenzählers. *statement* ist eine beliebige Anweisung, oftmals aber eine Verbundanweisung. Sowohl *init-statement* als auch *condition* und *iteration_expression* sind optional, d.h. man kann den Schleifenkopf auch so formulieren: `for (;;)`. Dies entspricht einer Endlosschleife, die mittels `break` verlassen werden kann.

Abb. 11.5 Flussdiagramm
`for` Schleife

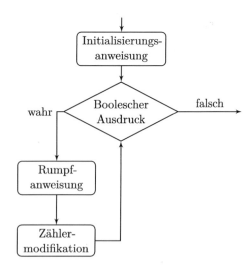

Beispiel

Die `for` Schleife erlaubt die kompakte Formulierung der Ganzzahldivision (Listing 11.9). Innerhalb des Schleifenrumpfs steht nur noch die Subtraktionsanweisung. Die Abbruchbedingung und die Zählermodifikation werden im Schleifenkopf formuliert.

Listing 11.9 for_example.cpp

```
 1  void for_example(void) {
 2      short dividend, divisor, result;
 3
 4      cout << "Dividend: ";
 5      cin >> dividend;
 6      cout << "Divisor: ";
 7      cin >> divisor;
 8
 9      cout << dividend << " DIV " << divisor << " = ";
10      for (result = 0; dividend >= divisor; result++) {
11          dividend -= divisor;
12      }
13      cout << result << " Remainder "
14          << dividend << endl;
15  }
```

Es geht sogar noch kompakter:

```
for (result = 0; dividend >= divisor;
        result++, dividend -= divisor);
```

Die Manipulation des Schleifenzählers und die Subtraktion werden beide im Schleifenkopf durch Verwendung des Sequenzoperators ausgeführt. Der Schleifenrumpf ist leer, d. h. hier steht nur ein einzelnes Semikolon. Wir raten jedoch von solchen „Vereinfachungen" ab. Wieder gilt: *Lesbarkeit und Verständlichkeit gehen vor!*

11.4.4 `range-for` Schleife

Eine Alternative zur „klassischen" `for` ist die `range-for` Schleife. Die `range-for` Schleife erlaubt es, über die *Elemente einer Menge* zu iterieren. Die Menge kann beispielsweise in Form eines Arrays oder einer Container Klasse vorliegen. Die allgemeine Syntax der `range-for` Schleife lautet

```
for (<range_declaration>:
        <range_expression>)<loop_statement>;
```

range_declaration deklariert eine Variable vom gleichen Datentyp, wie die zu iterierende Menge. Oftmals wird hier zur Vereinfachung `auto` verwendet, was bedeutet, dass der Datentyp der Variablen aus dem Datentyp der Menge abgeleitet wird.

range_expression definiert die zu durchlaufende Menge. Hier kann beispielsweise ein Array oder ein Vektor verwendet werden. *loop_statement* wird für jedes Element der Menge ausgeführt. In der Regel handelt es sich bei *loop_statement* um eine Verbundanweisung.

Beispiel

Wir betrachten Listing 11.10.

Listing 11.10 range_for_example.cpp

```
1  void range_for_example(void) {
2      vector<int> v = {0, 1, 2};
3      for (auto i : v) // type of i is int
4          cout << i << ' ';
5      cout << '\n';
6
7      for (int n : {6, 7, 8})
8          cout << n << ' ';
9      cout << '\n';
10
11      int a[] = {3, 4, 5};
12      for (int n : a)
13          cout << n << ' ';
14      cout << '\n';
15  }
```

Das Programm erzeugt die Ausgabe:

```
0  1  2
6  7  8
3  4  5
```

11.5 Sprunganweisungen

C++ kennt vier verschiedene Sprunganweisungen, welche den *Ausführungsfaden (engl. thread of execution)* an eine andere Stelle im Quellcode setzen:

- break
- continue
- goto
- return

Die Anweisung return kennen wir bereits zum Verlassen einer Funktion. Hat die Funktion einen Rückgabewert – ist also keine void Funktion – muss return mit einem passenden

Rückgabewert aufgerufen werden. Handelt es sich hingegen um eine `void` Funktion, kann `return` auch weggelassen werden. Der Compiler ergänzt dann automatisch `return;`. Bei der `main()` Funktion ergänzt der Compiler `return 0;` falls kein `return` angegeben wird.

11.5.1 `break` und `continue`

Die `break` Anweisung haben wir bereits im Rahmen der Mehrfachauswahl mit `switch` kennengelernt. Dort begrenzt sie einen `case` Block, d. h. sobald ein `break` auftritt, wird an das Ende der `switch` Anweisung gesprungen. Ähnlich kann man `break` auch innerhalb von Schleifen verwenden. Tritt innerhalb eines Schleifenrumpfs eine `break` Anweisung auf, wird die Schleife *sofort* verlassen. Nützlich ist dies, falls die Abbruchbedingung anderweitig nur sehr umständlich formuliert werden kann.

Verwendet man `continue` innerhalb eines Schleifenrumpfs, wird unmittelbar an des *Ende des Schleifenrumpfs* gesprungen und die nächste Iteration beginnt. Wurde eine Verbundanweisung als Schleifenrumpf verwendet, springt `continue` direkt vor die schließende geschweifte Klammer.

In Listing 11.11 soll ein Feld der Größe `SIZE` mit positiven Ganzzahlen gefüllt werden. Dazu wird eine (endlose) `while` Schleife verwendet, die abgebrochen wird, sobald die Anzahl der eingelesenen Zahlen größer oder gleich `SIZE` ist. Sollte die eingegebene Zahl kleiner 0 sein, wird sie ignoriert, indem direkt die nächste Iteration der Schleife mittels `continue` ausgeführt wird. Ansonsten wird die eingegebene Zahl im Feld gespeichert.

Listing 11.11 break_continue.cpp

```
 1  #define SIZE 5
 2
 3  void break_continue(void) {
 4
 5      int numbers[SIZE];
 6      int cnt = 0;
 7      int number;
 8
 9      while (true) {
10          if (cnt >= SIZE)
11              break; // numbers[] is full
12
13          cout << "Please enter a positive integer: ";
14          cin >> number;
15
16          if (number < 0)
17              continue; // ignore negative numbers
18
19          numbers[cnt] = number;
20          cnt++;
```

```
21      }
22
23      for (int i : numbers)
24          cout << i << " ";
25      cout << endl;
26 }
```

11.5.2 goto und Labels

Assembler Programmierung ist die Programmierung in Maschinensprache, d. h. in den Anweisungen, die der jeweilige Prozessor *direkt* interpretieren kann. Auf dieser Ebene haben Sie in der Regel nur sehr elementare Anweisungen zur Verfügung. Schleifen existieren in der Regel nicht. Diese werden mit Hilfe von Verzweigungen und Sprüngen nachgebildet. Das können Sie aber auch direkt in C++ erproben.

In Listing 11.12 wird eine **Sprungmarke** LABEL: definiert. Diese Sprungmarke, d. h. diese Zeile im Quellcode, kann mit Hilfe einer goto Anweisung angesprungen werden. Im Beispiel wird geprüft, ob i noch größer oder gleich 0 ist und ggf. wird mittels goto zurück zu LABEL: gesprungen. Beachten Sie, dass der Ausführungsfaden durch goto an einer beliebigen Stelle fortgesetzt wird. Bisher wurden unsere C++ Programme immer sequentiell („von oben nach unten") abgearbeitet. Wie wir bereits besprochen haben, sollten Sie auf den übermäßigen Gebrauch von goto verzichten, da hierdurch Ihr Code schwerer lesbar und nachvollziehbar wird.

Listing 11.12 goto_example.cpp

```
1  void goto_example(void) {
2      int i{10};
3
4  LABEL:
5      cout << i << " ";
6      i -= 2;
7      if (i >= 0)
8          goto LABEL;
9      // do-while using GOTO
10
11     cout << endl;
12 }
```

Die Ausgabe lautet:

```
10  8  6  4  2  0
```

11.6   Rekursion (Selbstaufruf)

Eine Alternative zur Verwendung von Iterationsanweisungen ist die Rekursion. Unter *Rekursion* versteht man den Aufruf einer Funktion durch sich selbst, solange bis eine bestimmte Abbruchbedingung eintritt. Aus der Mathematik sind zahlreiche rekursive Funktionen wohlbekannt, so z. B. die Fakultät.

Beispiel 1:   Listing 11.13 zeigt die rekursive Implementierung der ganzzahligen Division. Der Dividend wird um den Divisor verringert, solange der Dividend noch größer als der Divisor ist. Sobald dies nicht mehr der Fall ist, wurde der Rest gefunden. Für jeden rekursiven Aufruf wird eine 1 addiert, um den ganzzahligen Quotienten zu ermitteln.

Listing 11.13   recursion1.cpp

```
short recursion1(short dividend, short divisor) {
    if (dividend < divisor) {
        cout << "Remainder: " << dividend << endl;
        return 0;
    } else {
        return (1 + recursion1(dividend - divisor,
            divisor));
    }
}
```

Der Aufruf von `recursion(7,2)` wird wie folgt abgearbeitet:

```
recursion1(7,2)                    ⟹
1 + recursion1(5,2)                ⟹
1 + 1 + recursion1(3,2)           ⟹
1 + 1 + 1 + recursion1(1,2)  ⟹
1 + 1 + 1 + 0                      ⟹
3
```

Beispiel 2:
Listing 11.14 zeigt die rekursive Summe der natürlich Zahlen $1 \ldots n$. Diese Summe kann wie folgt rekursiv beschrieben werden:

$$\sum_{i=1}^{1} i := 1$$

$$\sum_{i=1}^{n} i := n + \sum_{i=1}^{n-1} i$$

(11.1)

Diese mathematische Beschreibung kann man direkt in eine rekursive Funktion übertragen. Solange der Summand größer als 1 ist, ruft sich die Funktion selbst mit einem dekrementierten Summanden auf und „merkt" sich den vorherigen durch Summation.

Listing 11.14 recursion2.cpp

```
1  int  recursion2(int  n) {
2      if (n == 1) {
3          return 1;
4      } else {
5          return (n + recursion2(n - 1));
6      }
7  }
```

Übung 12.0

Schreiben Sie ein C++ Programm, das einen Kleinbuchstaben von der Tastatur einliest und in einen Großbuchstaben umwandelt. Falls kein Kleinbuchstabe eingegeben wurde, soll eine Fehlermeldung ausgegeben werden.

Übung 12.1

Schreiben Sie ein C++ Programm, welches eine positive, ganze Zahl von der Tastatur einliest und am Bildschirm ausgibt, ob die Zahl durch 3 ohne Rest teilbar ist.

Übung 12.2

Schreiben Sie ein C++ Programm, welches eine Zahl vom Benutzer einliest und feststellt, ob die Zahl gerade oder ungerade ist. Geben Sie eine entsprechende Meldung auf der Konsole aus.

Übung 12.3

Schreiben Sie ein C++ Programm, welches die Länderkennzeichen von Pkws in deren Langform umsetzt. Unter http://www.laender-kennzeichen.de finden Sie eine Übersicht der Länderkennzeichen, aus der Sie Kennzeichen auswählen sollen.

Beispiel
Benutzereingabe: D, Ausgabe: Deutschland
Benutzereingabe: A, Ausgabe: Österreich
Benutzereingabe: B, Ausgabe: Belgien

© Der/die Autor(en), exklusiv lizenziert an Springer Fachmedien Wiesbaden GmbH, ein Teil von Springer Nature 2022
M. A. Mathes und J. Seufert, *Programmieren in C++ für Elektrotechniker und Mechatroniker*, https://doi.org/10.1007/978-3-658-38501-9_12

Falls kein gültiges Länderkennzeichen eingegeben wurde, soll eine Fehlermeldung ausgegeben werden. Bitte beschränken Sie sich auf Länderkennzeichen, die aus einem Buchstaben bestehen!

Übung 12.4

Schreiben Sie ein C++ Programm, welches alle geraden Zahlen von 1 bis 100 aufsteigend ausgibt. Schreiben Sie ein weiteres C++ Programm, welches alle ungeraden Zahlen von 100 bis 1 absteigend ausgibt. Realisieren Sie die beiden Programme jeweils mit einer `do-while`, `while` und `for` Schleife. Warum ist die `range-for` Schleife in diesem Fall eher ungeeignet?

Übung 12.5

Implementieren Sie in C++ ein Äquivalent zur `while` Schleife unter Verwendung von `goto` und Labels. Verwenden Sie ihr Programm um in Dreierschritten von 0 bis 99 zu zählen.

Übung 12.6

Schreiben Sie ein C++ Programm, welches vom Benutzer eine Zahl zwischen 1 und 20 einliest und entscheidet, ob die Zahl prim ist. Zur Erinnerung: eine Zahl ist prim, genau dann wenn sie nur durch 1 und sich selbst ohne Rest teilbar.

Übung 12.7

Schreiben Sie ein C++ Programm, welches den Mittelwert einer Folge von `int` Zahlen bestimmt. Die Zahlenfolge soll mit der Zahl 0 enden. Diese Zahl ist bei der Mittelwertbildung nicht zu berücksichtigen. Gehen Sie davon aus, dass mindestens eine Zahl ungleich 0 eingegeben wird.

Übung 12.8

Schreiben Sie ein C++ Programm, welches beliebig viele `float` Zahlen von der Tastatur einliest, bis eine Zahl kleiner als 0 eingegeben wird. Es soll dann die Zahl am Bildschirm ausgegeben werden, die am größten ist. Sie können davon ausgehen, dass die erste eingelesene Zahl größer als 0 ist.

Übung 12.9

Schreiben Sie ein C++ Programm, welches eine positive `long` Zahl von der Tastatur einliest und die Quersumme (d. h. die Summer aller Ziffern) am Bildschirm ausgibt. Falls die eingegebene Zahl nicht positiv ist, soll das Programm mit der Meldung `Wrong input!` beendet werden.

Übung 12.10

Schreiben Sie ein C++ Programm, welches eine positive `long` Zahl von der Tastatur einliest und die Anzahl der ungeraden Ziffern am Bildschirm ausgibt. Falls die eingegebene Zahl nicht positiv ist, soll das Programm mit dem Bildschirmtext `Wrong input!` enden.

Übung 12.11

Schreiben Sie ein C++ Programm, welches von der Tastatur einen `float` Wert einliest (die eingegebene `float` Zahl soll die Bezeichnung x haben). Am Bildschirm soll dann ausgegeben werden `sin(x) = <Wert>`.

Berechnen Sie den Sinus mit folgender Näherung:

$$\sin(x) = x - \frac{x^3}{3!} + \frac{x^5}{5!} - \frac{x^7}{7!} + \cdots = \sum_{n=0}^{\infty} (-1)^n \frac{x^{2n+1}}{(2n+1)!}$$

Die Näherungsreihe soll abgebrochen werden, wenn der Absolutwert des letzten Gliedes kleiner als 0,0001 ist.

Bemerkung
Sie können die Standardfunktion `double fabs (double x);` aus der Header-Datei **math.h** verwenden, um den Betrag einer Zahl zu berechnen.

Übung 12.12

Schreiben Sie ein C++ Programm, welches von der Tastatur beliebig viele reelle Zahlen aus dem Intervall $[-99,999; +99,999]$ einliest. Die Eingabe wird abgebrochen durch Eingabe einer Zahl außerhalb dieses Intervalls. Dann soll der Mittelwert dieser Zahlen, die größte dieser Zahlen und die, dem Betrag nach, kleinste dieser Zahlen am Bildschirm ausgegeben werden. Falls die erste eingegebene Zahl bereits außerhalb des Intervalls liegt, soll am Bildschirm ausgegeben werden: `not in interval`.

Übung 12.13

Die Zahl π lässt sich durch das Wallis-Produkt berechnen. Es wurde im Jahre 1655 von dem englischen Mathematiker John Wallis entdeckt.

$$\frac{\pi}{2} = \frac{2}{1} \cdot \frac{2}{3} \cdot \frac{4}{3} \cdot \frac{4}{5} \cdot \frac{6}{5} \cdot \frac{6}{7} \cdots = \prod_{i=1}^{\infty} \frac{(2i) \cdot (2i)}{(2i-1) \cdot (2i+1)}$$

Entwickeln Sie ein C++ Programm, das die Zahl π nach dieser Vorschrift berechnet. Die Berechnung soll abgebrochen werden, falls die Abweichung des aktuellen Faktors von 1 kleiner ist als $0,0001$.

Übung 12.14

Schreiben Sie ein C++ Programm, welches folgenden Bildschirmausdruck unter Benutzung von Schleifen und Kontrollstrukturen erzeugt:

```
012345678901234567890123456789012345678901234567890123456789
012345678901234567890123456789012345678901234567890123456789
012345678901234567890123456789012345678901234567890123456789
012345678901234567890123456789012345678901234567890123456789
012345678901234567890123456789012345678901234567890123456789
```

Übung 12.15

Schreiben Sie ein C++ Programm (unter Benutzung von Schleifen und Kontrollstrukturen), welches nachfolgende Ausgabe erzeugt.

```
abcdefghijklmNOPQRSTUVWXYZ
bcdefghijklmnOPQRSTUVWXYZA
cdefghijklmnoPQRSTUVWXYZAB
defghijklmnopQRSTUVWXYZABC
efghijklmnopqRSTUVWXYZABCD
fghijklmnopqrSTUVWXYZABCDE
ghijklmnopqrsTUVWXYZABCDEF
hijklmnopqrstUVWXYZABCDEFG
ijklmnopqrstuVWXYZABCDEFGH
jklmnopqrstuvWXYZABCDEFGHI
klmnopqrstuvwXYZABCDEFGHIJ
lmnopqrstuvwxYZABCDEFGHIJK
mnopqrstuvwxyZABCDEFGHIJKL
nopqrstuvwxyzABCDEFGHIJKLM
opqrstuvwxyzaBCDEFGHIJKLMN
pqrstuvwxyzabCDEFGHIJKLMNO
qrstuvwxyzabcDEFGHIJKLMNOP
rstuvwxyzabcdEFGHIJKLMNOPQ
stuvwxyzabcdeFGHIJKLMNOPQR
tuvwxyzabcdefGHIJKLMNOPQRS
uvwxyzabcdefgHIJKLMNOPQRST
vwxyzabcdefghIJKLMNOPQRSTU
wxyzabcdefghiJKLMNOPQRSTUV
xyzabcdefghijKLMNOPQRSTUVW
yzabcdefghijkLMNOPQRSTUVWX
zabcdefghijklMNOPQRSTUVWXY
```

Versuchen Sie als ersten Lösungsschritt ein Programm zu schreiben, welches alle Buchstaben nur als Kleinbuchstaben ausgibt. Bauen Sie dann in einem zweiten Schritt die geeignete Umschaltung auf die Ausgabe von Groß- und Kleinbuchstaben ein.

Zeiger und Zeigerarithmetik

13

Wir haben bereits gelernt, dass alle Daten innerhalb eines Programms unter einer bestimmten Speicheradresse abgelegt werden. Damit man nicht mit dieser Speicheradresse - letztendlich eine Nummer, welche die Zeile im Hauptspeicher benennt - arbeiten muss, kann man Variablen deklarieren. Variablen sollten einen sprechenden Namen (Bezeichner) besitzen, damit man ihren Inhalt/Verwendungszweck leicht erkennen kann.

Manchmal ist aber genau diese Speicheradresse von Bedeutung. Deshalb ist es möglich zu jedem Programmelement in C++ (Variablen, Funktionen, Strukturen, Felder etc.) einen *Zeiger (Pointer)* zu deklarieren, der die Adresse dieses Programmelements speichern kann. Man kann also Variablen deklarieren, die die Adresse eines `int` Werts oder einer Funktion aufnehmen. Benutzt man die gespeicherte Adresse, um auf das referenzierte Programmelement zuzugreifen, sagt man auch, *der Zeiger wird dereferenziert.*

Die beiden wichtigsten Operatoren im Zusammenhang mit Zeigern sind:

- Dereferenzierungsoperator `*` : liefert den Inhalt eines Zeigers zurück, d. h. das referenzierte Programmelement
- Adressoperator `&` : liefert die Adresse eines Programmelements zurück

13.1 Zeiger auf Variablen

In Listing 13.1 werden zwei Variablen deklariert. Die Variable `radius` ist vom Typ `float`, kann also eine Fließkommazahl abspeichern. Die Variable `p_radius` ist vom Typ `float*`, kann also einen Zeiger speichern, der auf eine Fließkommazahl zeigt.

Möchte man den Inhalt einer „einfachen" Variablen (z. B. `bool`, `int`, `float` etc.) ausgeben, genügt deren Verwendung in einer `cout` Anweisung. Das ist auch bei Zeigervariablen so. Jedoch ist deren Inhalt eine *Adresse*, weshalb bei Verwendung in `cout` diese Adresse ausgegeben wird. Möchte man den referenzierten Inhalt ausgeben, also die Speicherzelle

© Der/die Autor(en), exklusiv lizenziert an Springer Fachmedien Wiesbaden GmbH, ein Teil von Springer Nature 2022
M. A. Mathes und J. Seufert, *Programmieren in C++ für Elektrotechniker und Mechatroniker*, https://doi.org/10.1007/978-3-658-38501-9_13

auf welche die Zeigervariable zeigt, muss man den Zeiger dereferenzieren mittels *. Man
kann auch die Adresse einer Zeigervariablen mittels & erfragen, wie in Listing 13.1 gezeigt.

Der `sizeof()` Operator liefert die Größe einer Variablen in Vielfachen von `char`. Im
obigen Beispiel hat `float` die Größe von 4 Byte. Die Größe der Zeigervariablen ist aber
8 Byte, da das Programm auf einem 64 Bit System ausgeführt wurde.

Listing 13.1 pointer_ex.cpp

```cpp
void pointer_ex(void) {

    float radius = 6.2;
    float* p_radius = &radius;

    cout << radius << "  " << &radius
         << "  " << endl;

    cout << p_radius << "  " << *p_radius
         << "  " << &p_radius << "  " << endl;

    cout << sizeof (radius) << endl;
    cout << sizeof (p_radius) << endl;
}
```

Die Ausgabe lautet:

```
6.2   0x7ffeebcd0964
0x7ffeebcd0964   6.2   0x7ffeebcd0958
4
8
```

13.2   Zeiger auf Funktionen

Es ist auch möglich einen Zeiger auf eine Funktion zu deklarieren.

Listing 13.2 func_pointer.cpp

```cpp
int func(int i) {
    return ++i;
}

void func_pointer(void) {

    // pointer to function
    int (*func_p)(int) = &func;
```

```
 9          // another pointer to same function
10          int (*func_p2)(int) = &func;
11
12          cout << func_p(1) << endl;
13          cout << func_p(2) << endl;
14          cout << func_p(3) << endl;
15
16          cout << func_p2(1) << endl;
17          cout << func_p2(2) << endl;
18          cout << func_p2(3) << endl;
19  }
```

Die Variable `func_p` in Listing 13.2 ist vom Typ „Zeiger auf eine Funktion". Die Deklaration hat folgende Syntax:

```
<return_type> (* <variable_name>) (<parameter_list>) ;
```

Durch Zuweisung des Namens einer Funktion an den Funktionszeiger (siehe `func_p`) oder Zuweisung der Adresse einer Funktion (siehe `func_p2`) kann man einen Funktionszeiger initialisieren. Die Ausgabe lautet:

```
2
3
4
2
3
4
```

13.3 Zeiger auf nichts

Jedem Zeiger kann ein spezieller Wert zugewiesen werden, der markiert, dass der Zeiger *nirgendwo* hinzeigt. Dieser Werte ist der sogenannte **Null-Zeiger (engl. null pointer)**. Ein Null-Zeiger kann mittels des Literals `nullptr`, mittels der Konstanten `NULL` oder durch implizite Konvertierung von 0 zugewiesen werden (siehe Listing 13.3).

Listing 13.3 null_pointer.cpp

```
1  void null_pointer(void) {
2
3          int* ip = NULL;
4          int* jp = nullptr;
```

```
 5     int* kp = 0;

 6

 7     float* fp = NULL;

 8     float* gp = nullptr;

 9     float* hp = 0;

10

11     if ((ip == jp) && (jp == kp)) {

12         cout << "ip == jp == kp" << endl;

13     }

14

15     if ((fp == gp) && (gp == hp)) {

16         cout << "fp == gp == hp" << endl;

17     }

18

19 //     if (ip != fp) { // incompatible pointers !

20 //         cout << "ip != fp" << endl;

21 //     }

22 //

23 //     if (jp != gp) { // incompatible pointers !

24 //         cout << "jp != gp" << endl;

25 //     }

26 //

27 //     if (kp != hp) { // incompatible pointers !

28 //         cout << "kp != hp" << endl;

29 //     }

30 }
```

Die Ausgabe lautet:

```
ip == jp == kp
fp == gp == hp
```

Möchte man Zeiger miteinander vergleichen, müssen dies Zeiger vom selben Typ sein, auch dann, wenn die Zeiger auf NULL zeigen. Der Vergleich eines int Zeigers mit einem float Zeiger ist verboten und führt zu einem Compiler-Fehler.

13.4   Rechnen mit Zeigern

Da ein Zeiger letztendlich nur eine ganzzahlige Variable ist, die eine Adresse speichern kann, lässt sich mit Zeigern auch rechnen. Man spricht dann von sogenannter *Zeigerarithmetik*.

Listing 13.4 pointer_arithmetic.cpp

```
 1  void pointer_arithmetic(void) {
 2
 3      int i = 42;
 4      int* ip = &i;
 5
 6      cout << ip << endl;
 7      cout << ip + 1 << endl;
 8      cout << ip + 2 << endl;
 9
10      cout << *ip << endl;
11      cout << *(ip + 1) << endl;
12      cout << *(ip + 2) << endl;
13
14      cout << *ip << endl;
15      cout << (*ip) + 1 << endl;
16      cout << (*ip) + 2 << endl;
17  }
```

In Listing 13.4 wird eine int Variable und eine Variable vom Typ int* deklariert. Der Zeiger ip speichert die Adresse der int Variablen i. Nun geben wir nacheinander drei verschiedene Werte aus:

- Es werden ip, ip + 1 und ip + 2 ausgegeben.
- ip, ip + 1 und ip + 2 werden dereferenziert und ausgegeben.
- Die Zeigervariable wird dereferenziert und deren Inhalt, deren Inhalt + 1 und deren Inhalt + 2 ausgegeben.

Die Ausgabe lautet:

```
0x7ffee9e69964
0x7ffee9e69968
0x7ffee9e6996c
42
-1885144336
32767
42
43
44
```

Wie man sehen kann, erhöht sich die in `ip` gespeicherte Adresse bei Addition von 1 und 2. Jedoch erhöht diese sich nicht um 1 respektive 2, sondern um ein Vielfaches der Größe des referenzierten Wertes. Da hier ein `int` Wert referenziert wird, erhöht die Addition von 1 die Adresse um 4 Byte und die Addition von 2 die Adresse um (8 Byte).

 Die ausgegebenen Adressen können sich bei jedem Programmstart ändern, je nachdem, auf welchen Speicherbereich ihr Programm zugreift. Dies wird durch das Betriebssystem gesteuert.

Bisher kannten wir noch keine Möglichkeit, mehrere Variablen vom gleichen Datentyp quasi en bloc zu deklarieren. Wir hatten nur die Möglichkeit die Variablen nacheinander aufzuzählen, z. B. so:

Listing 14.1 Mehrere Variablen gleichen Typs

```
1  int i1;
2  int i2;
3  int i3;
```

Haben die Variablen i1, i2 und i3 nicht nur den gleichen Datentyp, sondern speichern auch *inhaltlich* zusammengehörige Werte, wäre es hilfreich, wenn wir diese zusammenhängend deklarieren und ansprechen können. Genau dies erlaubt uns ein *Feld (engl. array)* wie folgt:

```
int feld[3];
```

Dadurch reserviert der Compiler zum Übersetzungszeitpunkt einen zusammenhängenden Speicherbereich für drei int Werte, die mittels feld[0], feld[1], feld[2] angesprochen werden können. Ein Feld mit n Elementen, wird also von 0 bis $n-1$ durchnummeriert. Wurde ein Feld erstmalig deklariert, kann seine Größe nachträglich nicht mehr geändert werden.

> ℹ️ Der Name eines Feldes ist ein Zeiger auf das erste Feldelement. Folglich gilt:
> feld[0] ⟷ *feld, feld[1] ⟺ *(feld+1) etc.

In Listing 14.2 werden drei Arrays deklariert: array, array2 und identity.

© Der/die Autor(en), exklusiv lizenziert an Springer Fachmedien Wiesbaden GmbH, ein
Teil von Springer Nature 2022
M. A. Mathes und J. Seufert, *Programmieren in C++ für Elektrotechniker und
Mechatroniker*, https://doi.org/10.1007/978-3-658-38501-9_14

Listing 14.2 array_example.cpp

```
 1  void array_example(void) {
 2      const int size = 10;
 3      int array[size];
 4
 5      for (int i = 0; i < size; i++)
 6          array[i] = i + 1; // modify array element
 7
 8      for (int i = 0; i < size; i++)
 9          cout << array[i] << " "; // read element
10      cout << endl;
11
12      int array2[] = {1, 4, 9, 16, 25};
13      // calculate elements from size
14      for (size_t i = 0;
15           i < sizeof(array2)/sizeof(array2[0]); i++)
16          cout << array2[i] << " ";
17      cout << endl;
18
19      // 2-dimensional array
20      int identity[][3] = {
21          {1, 0, 0},
22          {0, 1, 0},
23          {0, 0, 1}
24      };
25
26      // 2 dimensions require 2 nested loops
27      for (int i = 0; i < 3; i++) {
28          for (int j = 0; j < 3; j++)
29              cout << identity[i][j];
30          cout << endl;
31      }
32  }
```

array hat eine Größe von size Elementen. size selber ist eine Konstante, die zu Beginn der Funktion festgelegt wird. Dies ermöglicht es auf elegante Weise, die Größe des Feldes an genau einer Stelle - der Definition von size - zu ändern. Der Code wird dadurch leichter wartbar und änderbar. In array werden dann die Zahlen von 1 bis 10 gespeichert (und wieder ausgegeben).

array2 speichert die Quadratzahlen von 1 bis 5. Dazu wird das Array deklariert und direkt durch eine Aufzählung der Elemente initialisiert. In diesem Fall kann die Dimensionsangabe entfallen, da aus der Aufzählung (engl. braced init list) deutlich wird, wie viele Elemente das Array besitzen soll. Besonders elegant kann das Durchlaufen des Arrays mittels einer for Schleife gelöst werden. Um herauszufinden, wie viele Elemente im Array gespeichert sind, wird der Ausdruck

```
sizeof(array2)/sizeof(array2[0])
```

verwendet. Hier wird die Speichergröße des gesamten Arrays durch die Speichergröße des ersten Elements geteilt, was der Anzahl der Elemente entspricht. Dieser Ansatz ist besonders praktisch, falls eine Funktion ein Array als Parameter bekommt und bestimmen muss, wie viele Elemente enthalten sind.

`identity` ist ein mehrdimensionales Array - in diesem Fall zweidimensional - und repräsentiert die Identitätsmatrix. Als Besonderheit wurde die erste Dimension leer gelassen. Dies ist möglich, da durch die direkte Initialisierung die Dimensionierung klar wird. Prinzipiell kann ein Array nur in der ersten Dimension unbestimmt sein, um dessen Datentyp noch eineindeutig ableiten zu können. Die Ausgabe lautet:

```
1  2  3  4  5  6  7  8  9  10
1  4  9  16  25
100
010
001
```

14.1 Spezialfall: C-String

Eine besondere Verwendung von Feldern sind C-Strings. Ein *String* ist eine Aneinanderreihung von mehreren Zeichen (`char`). Deshalb werden C-Strings als Array von Zeichen realisiert. Das Ende eines C-Strings wird durch das Nullzeichen '`\0`' markiert.

Listing 14.3 string_example.cpp

```cpp
void string_example(void) {

    char str1[] = "Hello!";
    char str2[] =
        {'H', 'e', 'l', 'l', 'o', '!', '\0'};

    cout << str1 << endl;
    cout << str2 << endl;

    const char* str3 = "Hello!";
    cout << str3 << endl;

    // access to a single char
    cout << str1[5] << endl;
    // access to a single char
    cout << *str3 << endl;

    cout << sizeof(str1) << endl;
    cout << sizeof(str2) << endl;
    cout << sizeof(str3) << endl;
}
```

C-Strings können im Quelltext direkt als Literal in Anführungszeichen angegeben werden, in Listing 14.3 `"Hello!"`. Der Compiler setzt an das Ende des Literals automatisch - falls nicht angegeben - ein Nullzeichen `'\0'`, um den C-String zu terminieren. Deshalb sind `str1` und `str2` in obigem Beispiel inhaltlich identisch. `str1` wurde als String Literal initialisiert, `str2` durch Aufzählung der Elemente (hier muss das Nullzeichen explizit angegeben werden). Eine dritte Variante um C-Strings zu definieren, ist die Deklaration als `const char*`, wie für `str3` gezeigt.

Um auf einzelne Zeichen eines Strings zuzugreifen, kann man entweder die gewünschte Feldposition verwenden oder den Pointer dereferenzieren.

`sizeof` eines C-Strings liefert die Anzahl der Zeichen inklusive des Nullzeichens. Dies ist aber nur deshalb möglich, weil `sizeof(char)` immer 1 zurückgibt und ein C-String ein `char` Array, d. h. eine Aneinanderreihung von Zeichen, ist. Deklariert man einen C-String jedoch als `const char*` liefert `sizeof` die Größe des Pointers (abhängig von Betriebs- und Rechnersystem) und nicht die Länge des C-Strings zurück. Die Ausgabe lautet:

```
Hello!
Hello!
Hello!
!
H
7
7
8
```

14.2 Arbeiten mit C-Strings

Die Header-Datei `<cstring>` bietet eine Reihe von Funktionen zum Arbeiten mit C-Strings. Sie wurde aus der Header-Datei `<string.h>` der C Standardbibliothek über-nommen. Auf den nächsten Seiten finden Sie einige - aus unserer Sicht besonders nützliche - dieser Funktionen. Eine komplette Beschreibung aller Funktionen, die in `<cstring>` deklariert sind, finden Sie unter [7].

- `char* strcpy( char* dest, const char* src );`
- `char* strncpy( char* dest, const char* src, size_t count );`
- `char* strcat( char* dest, const char* src );`
- `size_t strlen( const char* str);`
- `int strcmp( const char* lhs, const char* rhs );`
- `const char* strchr( const char* str, int ch );`
- `const char* strstr( const char* str, const char* target );`

- `char* strtok( char* str, const char* delim );`

Die Funktionen `strcpy()` und `strncpy()` tun eigentlich das selbe: sie kopieren den Inhalt eines C-Strings in einen anderen. Jedoch können Sie bei `strncpy()` die maximale Anzahl der Zeichen angeben, die kopiert werden sollen. Dies ist wichtig, da `strcpy()` nicht sicherstellt, dass in `dest` genügend Platz zur Verfügung steht. Deshalb können Sie die Anzahl der maximal kopierten Zeichen bei `strncpy()` begrenzen - in der Regel auf die Größe von `dest`. Damit machen Sie ihre Programme robuster und beugen einem Angriff durch **Buffer Overflow** vor. NetBeans warnt Sie im übrigen auch, falls Sie unsichere Funktionen verwenden und schlägt auch gleich eine Alternative vor.

Unter **Konkatenation** versteht man das Aneinanderhängen von zwei Zeichenketten. Mathematisch gesehen handelt es sich um eine Funktion folgender Art:

$$\text{concat} := \begin{cases} \text{String} \times \text{String} \to \text{String} \\ (s_1 s_2 \ldots s_n, t_1 t_2 \ldots t_m) \mapsto s_1 s_2 \ldots s_n t_1 t_2 \ldots t_m \end{cases}$$

Die Funktion `strcat()` bildet ein Paar von Strings auf einen neuen String ab, indem die Zeichen des ersten und die Zeichen des zweiten Strings einfach hintereinander geschrieben werden.

`strlen()` liefert die Anzahl der Zeichen in einem String *ohne* das Endezeichen zurück. `strcmp()` vergleicht zwei Strings lexikographisch. Eine **lexikographische Ordnung** ordnet Zeichenketten wie die Begriffe innerhalb eines Lexikons. Die Zeichenketten werden Zeichen für Zeichen miteinander verglichen und geordnet. Zunächst vergleicht man die Anfangsbuchstaben der Zeichenketten und ordnet nach diesen. Alle Zeichenketten mit gleichem Anfangsbuchstaben werden anschließend nach dem zweiten Buchstaben geordnet und so weiter. Ist eine Zeichenkette komplett in einer anderen als Anfang enthalten (z. B. Umlauf, Umlaufbahn), so wird die kürzere Zeichenkette zuerst angegeben.

$$\text{strcmp(lhs, rhs)} \begin{cases} < 0 \iff \text{lhs steht lexikographisch vor rhs} \\ = 0 \iff \text{lhs und rhs sind gleich} \\ > 0 \iff \text{lhs steht lexikographisch nach rhs} \end{cases}$$

Mit `strchr()` kann die erste Position eines Zeichens in einem String gesucht werden. `strchr()` liefert `NULL`, falls das gesuchte Zeichen nicht gefunden werden konnte. Es kann auch nach `'\0'` gesucht werden.

`strstr()` findet die erste Position einer Zeichenkette in einer anderen Zeichenkette. Der Rückgabewert ist ein Zeiger auf die erste Position oder `NULL`, falls die Zeichenkette nicht gefunden werden konnte. Falls der zu durchsuchende String leer ist, wird ein Zeiger auf den zu durchsuchenden String zurückgegeben.

Ein *String Tokenizer* zerlegt eine Zeichenkette in mehrere Teile, die so genannten *Tokens*. Zum Zerlegen der Zeichenkette werden ein oder mehrere Trennzeichen, so genannte *Delimeter*, verwendet. Ein String Tokenizer kann verwendet werden, um eine strukturierte Zeichenkette in ihre Bestandteile zu zerlegen. Beispielsweise lässt sich mit einem String Tokenizer eine Comma-separated Value (CSV) Datei besonders elegant in ihre Einzelwerte zerlegen.

In Listing 14.4 werden die Standardfunktionen zur Manipulation von C-Strings gezeigt. Bei Verwendung von `strcmp()` wird einmal -4 (`"Hallo!"< "Hello!"`) und einmal 4 (`"Hello"> "Hallo"`) zurückgegeben. Da `"Hallo!"` und `"Hello!"` sich nur im zweiten Buchstaben unterscheiden, muss 4 den Unterschied zwischen a und e beschreiben. Tatsächlich ist es so, dass die Differenz zwischen a und e aus Sicht der ASCII Tabelle genau 4 Zeichen sind. Deshalb liefert `strcmp()` entweder -4 für *„steht in der ASCII-Tab. 4 Zeichen vorher"* oder 4 für *„steht in der ASCII-Tab. 4 Zeichen nachher"*.

Listing 14.4 string_func.cpp

```
 1  void string_func(void) {
 2      char str1[100] =
 3          "Source string"; // '\0' is implicitly added
 4      char str2[100] =
 5      "Destination string"; // '\0' is implicitly added
 6      char str3[100];
 7
 8      cout << strcpy(str3, str1) << endl;
 9      cout << strcpy(str1, str2) << endl;
10      cout << strcpy(str2, str3) << endl;
11
12      cout << strncpy(str1, str2, 11) << endl;
13
14      cout << strcat(str1, str2) << endl;
15
16      cout << strlen(str1) << endl;
17      cout << strlen(str2) << endl;
18
19      char str4[20] = "Hallo!";
20      char str5[20] = "Hello!";
21
22      cout << strcmp(str4, str5) << endl;
23      cout << strcmp(str5, str4) << endl;
24
25      cout << strchr(str4, 'l') << endl;
26
27      char str6[75] =
28          "I - got - lost! - How - do - I get - home?";
29      char* token = strtok(str6, "-");
30      while (token != NULL) {
31          cout << token;
32          token = strtok(NULL, "-");
33      }
34      cout << endl;
35      cout << str6 << endl;
36  }
```

Die Ausgabe ist:

```
Source string
Destination string
Source string
Source stri string
Source stri stringSource string
31
13
-4
4
llo!
I got lost! How do I get home?
I
```

14.3 Die string Bibliothek

Gerade für Programmieranfänger können die C-Strings etwas „sperrig" wirken. In der Programmiersprache C war und ist dies aber die einzige Möglichkeit mit Zeichenketten zu arbeiten. C++ bietet mit der Bibliothek <string> eine mächtige Alternative, die sogenannten C++-*Strings*. Zeichenketten sind dabei Objekte der Klasse string, die viele nützliche Methoden und damit Funktionalitäten bereitstellt. Einige dieser Funktionalitäten stellen wir beispielhaft in Listing 14.5 vor.

Listing 14.5 cpp_string.cpp

```
1  #include<string>    // use string objects
2
3  void cpp_string( void )
4  {
5      int i;
6      string str="hello";     //define string "hello"
7      cout << str << endl;    //print string
8
9      for(i=0; i < str.size(); i++)
10         str[i] -= 32;   // change each character
11     cout << str << endl;    // print changed string
12
13     string copy=str;    // copy string
14     cout << copy << endl;   // print copied string
15
16     string new_str="See ya!";
17     cout << new_str << endl;
18
19     str = copy + new_str;   // concatenate strings
```

```
20    cout << str << endl;
21
22    cstr= str.c_str()  // get C string equivalent of str
23    cout << cstr << endl;
24 }
```

Die Ausgabe von void cpp_string() lautet:

```
hello
HELLO
HELLO
See ya!
HELLO See ya!
HELLO See ya!
```

Wie Sie sehen, lassen sich C++-Strings in vielerlei Hinsicht ähnlich wie C-Strings verwenden. So kann man beispielsweise bei beiden String-Datentypen über den [ ]-Operator,
den wir schon von Feldern kennen, auf einzelne Zeichen des Strings zugreifen. Kein Wun-
der, denn die Klasse string verwaltet char-Arrays als Container. Im Vergleich zu den
C-Strings gibt es bei den C++-Strings aber auch zusätzliche Funktionalitäten, wie z. B. das
Verketten mit dem dazu überladenen "+"-Operator oder die Zuweisung von einem String
auf einen anderen String mithilfe des "="-Operators. Die Möglichkeit, einen string in
den Datentyp eines konventionellen C-Strings umzuwandeln, bietet die Methode const
char* c_str() const, die wir in Zeile 22 anwenden.

Eine Funktion kapselt eine in sich abgeschlossene Funktionalität, die an mehreren Stellen innerhalb Ihres Programms verwendet werden kann. Funktionen dienen der Modularisierung von Programmen und erhöhen dadurch die Wiederverwendbarkeit von Code. Verzichtet man gänzlich auf Funktionen bestünden Ihre Programme aus einem großen, monolithischen Block – der `main()` Funktion.

Jede Funktion besteht aus einem *Funktionskopf* und einem *Funktionsrumpf.* Der Funktionskopf deklariert, was die Funktion als Parameter entgegennehmen kann und was die Funktion als Ergebnis zurückliefert. Der Funktionsrumpf implementiert die eigentliche Funktionalität und verwendet dazu für gewöhnlich die übergebenen Parameter.

Um eine Funktion zu verwenden – man sagt aufzurufen – verwendet man deren Namen. Für Listing 15.1 könnte ein Funktionsaufruf wie folgt aussehen:

```
result = sum1(value);
```

Der Wert von `value` wird an den Funktionsparameter n übergeben, d. h. n hat innerhalb der Funktion den gleichen Wert wie `value`. Eine Veränderung von n innerhalb der Funktion (z. B. n = n − 1;) ändert den Wert von `value` jedoch *nicht*. Wir werden in Kürze sehen warum. Durch die `return` Anweisung wird die Funktion `sum1()` beendet, und der Wert von h wird zurückgegeben. Folglich hat `result` nach dem Funktionsaufruf den Wert von h.

Listing 15.1 Struktur einer Funktion

```
1  int sum1(int n) // Funktionskopf
2  { // Funktionsrumpf Anfang
3     int h = 0;
4     // ...
5     return h;
6  } // Funktionsrumpf Ende
```

© Der/die Autor(en), exklusiv lizenziert an Springer Fachmedien Wiesbaden GmbH, ein   107
Teil von Springer Nature 2022
M. A. Mathes und J. Seufert, *Programmieren in C++ für Elektrotechniker und*
Mechatroniker, https://doi.org/10.1007/978-3-658-38501-9_15

15.1   Funktionsprototyp

Bevor eine eigene Funktion innerhalb der main() Funktion verwendet werden kann, muss diese „bekannt" sein, d. h. sie muss vor der main() Funktion deklariert sein. Rufen sich eigene Funktionen gegenseitig auf, gilt dies auch. Damit ergibt sich eine *implizite Reihenfolge,* wie die Funktionen im gesamten Quelltext angegeben werden müssen. Um dies zu vereinfachen, kann man einen Funktionsprototypen verwenden. Der ***Funktionsprototyp*** deklariert die Funktion, so dass diese bekannt ist und verwendet werden kann. Der Funktionsprototyp zur Summenfunktion aus Listing 15.1 sieht wie folgt aus:

int sum1(int);

Nach dem Funktionskopf wird ein Semikolon angegeben – die Implementierung der Funktion ist zu diesem Zeitpunkt also noch nicht bekannt. Funktionsprototypen werden für gewöhnlich in Header-Dateien zusammengefasst, die Sie wiederum über #include in Ihren Quelltext einbinden können. Letztendlich werden dadurch nur die Funktionsprototypen aus der Header-Datei in Ihr Programm kopiert und dadurch deren Funktionen bekannt gemacht. Wenn Sie einen Blick in die Hearderdatei **examples.h** werfen, können Sie genau dies sehen:

Listing 15.2 examples.h

```
 1  /*
 2   * function prototypes for example programs
 3   */
 4  // hello world
 5  void hello(void);
 6
 7  // simple programs
 8  void sphere1(void);
 9  void sphere2(void);
10  void sum_n(void);
11  void glob_loc_ex(void);
12  void print_blank(void);
13  void clear(void);
14  void input_output(void);
15
16  // datatypes
17  void int_dat_ex(void);
18  void datatypes(void);
19  void float_dat(void);
20  void char_dat_ex(void);
21  void bool_dat(void);
22  void float_test(void);
23  void complex_numbers(void);
24
```

```
25  // operators
26  void  inc_dec_ops(void);
27  void  arithmetic_ops(void);
28  void  bool_ops(void);
29  void  rela_ops(void);
30  void  bit_ops(void);
31  void  bit_ops_ex(void);
32  void  assignment_ops(void);
33  void  assignment_ops_ex(void);
34  void  special_ops(void);
35  void  math_func(void);
36
37  // statements
38  void  expr_block_statements(void);
39  void  branch_statements(void);
40  void  if_else_example(void);
41  void  switch_exmaple(void);
```

Der generelle Aufbau eines C++ Programms ist in Abb. 15.1 dargestellt.

15.2   call-by-value und call-by-reference

Bei der Übergabe der Parameter lassen sich prinzipiell zwei Arten unterscheiden: call-by-value und call-by-reference.

call-by-value: Eine Änderung des Funktionsparameters innerhalb der Funktion ist außerhalb nicht sichtbar, d. h. der übergebene Parameter ist nicht mit dem Funktionsparameter „verknüpft".

call-by-reference: Eine Änderung des Funktionsparameters innerhalb der Funktion ist außerhalb sichtbar, d. h. der übergebene Parameter ist mit dem Funktionsparameter „verknüpft".

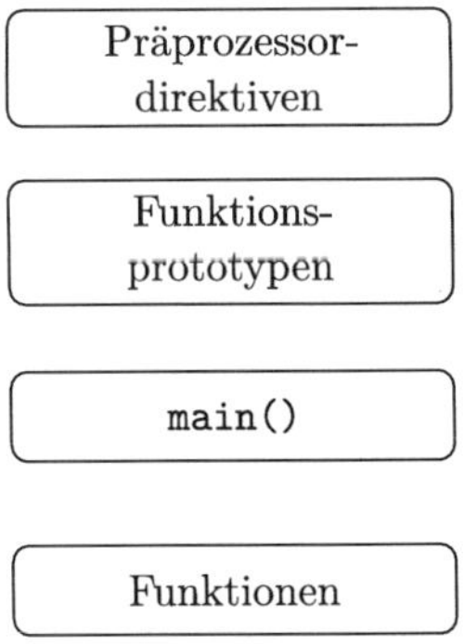

Abb. 15.1 Allgemeine
Struktur eines C++
Programms

Präprozessor-
direktiven

Funktions-
prototypen

main()

Funktionen

Listing 15.3 call_example.cpp

```cpp
 1  void call_by_value(int);
 2  void call_by_reference_1(int&);
 3  void call_by_reference_2(int*);
 4
 5  void call_example(void) {
 6      int k{7};
 7
 8      call_by_value(k);
 9      cout << k << endl;
10
11      call_by_reference_1(k);
12      cout << k << endl;
13
14      call_by_reference_2(&k);
15      cout << k << endl;
16
17      call_by_value(k);
18      cout << k << endl;
19  }
20
21  void call_by_value(int i) {
22      i++;
23  }
24
25  void call_by_reference_1(int& i) {
26      i++;
27  }
28
29  void call_by_reference_2(int* i) {
30      (*i)++;
31  }
```

Bisher haben wir nur call-by-value kennengelernt und benutzt. Hierbei wird der Wert des Aufrufparameters in den Funktionsparameter kopiert. Der Funktionsparameter ist eine eigene Variable. Änderungen an dieser Variablen haben keinen Einfluss auf den Aufrufparameter. Verwendet man hingegen call-by-reference sind der Aufrufparameter – im Listing 15.3 k – und der Funktionsparameter über ihre Speicherstelle (Adresse) in dem Sinne verknüpft, dass es sich um die selbe Variable handelt. call-by-reference kann in C++ entweder über die Verwendung einer Referenz – call_by_reference_1() – oder über Verwendung eines Zeigers – call_by_reference_2() – realisiert werden. Wie man in Listing 15.3 sieht, ist die Verwendung der Referenz etwas kompakter, da hier der übergebene Parameter direkt genutzt werden kann und nicht dereferenziert werden muss.

Die Ausgabe lautet:

7
8
9
9

15.3   const Referenzen und Zeiger

Die Übergabe per Referenz hat einen entscheidenden Vorteil gegenüber der Übergabe per Wert: call-by-reference ist *deutlich schneller* als call-by-value. Warum ist dies so? Bei call-by-reference wird der Aufrufparameter nicht kopiert, sondern es wird letztendlich eine Speicheradresse übergeben. Änderungen auf dieser Speicheradresse innerhalb der Funktion sind auch außerhalb der Funktion sichtbar, da sich alle Funktionen den selben Speicherbereich teilen. Benutzt man hingegen call-by-value wird der Aufrufparameter kopiert und für die Funktion eine zusätzliche Variable im Speicher hinterlegt. Stellt man sich nun die Übergabe eines großen C-Arrays vor, mit beispielsweise 1024 Elementen, wird der Unterschied noch deutlicher.

Was aber tun, wenn der Aufrufparameter nicht geändert werden soll und man trotzdem die Performance-Vorteile von call-by-reference nutzen will? Dafür kann man eine *konstante Referenz* übergeben. Das Schlüsselwort const zeigt an, dass das referenzierte Objekt nicht geändert werden darf. Wir kennen dies bereits von den Hilfsfunktionen für C-Strings. Hier wurden die Aufrufparameter immer per Zeiger übergeben. Falls aber ein Parameter nicht geändert werden sollte, war dies durch const kenntlich gemacht. Dabei gibt es verschiedene Varianten, was als konstant deklariert werden soll (Tab. 15.1).

Tab. 15.1 Varianten von **const**

Syntax	Bedeutung
const T*	Zeiger auf einen unveränderbaren Typ oder Objekt
T const*	Zeiger auf einen unveränderbaren Typ oder Objekt
T* const	Unveränderbarer Zeiger auf Typ oder Objekt
const T* const	Unveränderbarer Zeiger auf einen unveränderbaren Typ oder Objekt
T const* const	Unveränderbarer Zeiger auf einen unveränderbaren Typ oder Objekt

15.4   Kommandozeilenparameter

Um zu verstehen, was Aufrufparameter sind und wozu diese verwendet werden können, begeben wir uns in die **Konsole (Eingabeaufforderung)**. Die Konsole ist eine textbasierte Schnittstelle zwischen dem Benutzer und dem Betriebssystem. Lange bevor graphische Benutzeroberflächen der de facto Standard für die Bedienung eines Computers wurden, existierte bereits diese Möglichkeit mit dem Computer zu interagieren. Auch heute ist die Konsole zum Zwecke der Administration noch relevant.

Unter MacOS kommen Sie zur Konsole über die *Terminal* App. Unter Windows verwenden Sie die *Eingabeaufforderung*. Es öffnet sich ein Fenster in dem Sie textuelle Kommandos absetzen können. Eines der einfachsten Kommandos gibt den Inhalt des aktuellen Verzeichnisses aus. Unter Windows erreichen Sie dies mittels des Kommandos dir, unter MacOS mittels ls. Nach Eingabe des jeweiligen Kommandos und Enter erscheint eine Auflistung der Inhalte des aktuellen Verzeichnisses.

Wir betrachten nun ein sehr einfaches UNIX Kommando namens echo. Das Kommando echo macht genau das, was der Name suggeriert: es gibt alle übergebenen Parameter wieder auf der Konsole aus. Unter UNIX kann man sich zu jedem Kommando eine sogenannte **Manual Page** mit man ausgeben lassen. Die Handbuchseite zu echo liefert beispielsweise:

```
NAME
echo -- write arguments to the standard output

SYNOPSIS
echo [-n] [string ...]

DESCRIPTION
The echo utility writes any specified operands, sep-
arated by single blank (' ') characters and followed
by a newline ('\n') character, to the standard out-
put.

The following option is available:

-n    Do not print the trailing newline character.
This may also be achieved by appending '\c' to
the end of the string, as is done by iBCS2
compatible systems. Note that this option as
well as the effect of '\c' are implementation-
defined in IEEE Std 1003.1-2001 (''POSIX.1'')
as amended by Cor. 1-2002. Applications aim-
ing for maximum portability are strongly
encouraged to use printf(1) to suppress the
newline character.

Some shells may provide a builtin echo command which
is similar or identical to this utility. Most
```

```
notably, the builtin echo in sh(1) does not accept
the -n option. Consult the builtin(1) manual page.

EXIT STATUS
The echo utility exits 0 on success, and >0 if an
error occurs.

SEE ALSO
builtin(1), csh(1), printf(1), sh(1)

STANDARDS
The echo utility conforms to IEEE Std 1003.1-2001
(``POSIX.1'') as amended by Cor. 1-2002.
```

Wir rufen nun echo wie folgt auf:

```
mathesm@FE-N005:~>echo Hello World!
Hello World!
```

echo ist also der Name des Programms. Hello und World! sind die durch ein Leerzeichen getrennten Aufrufparameter des Programms. echo nimmt diese beiden Parameter und gibt sie direkt auf Konsole aus.

Wir haben schon mehrfach erwähnt, dass die main() Funktion eine besondere Rolle innerhalb eines C++ Programms spielt – markiert sie doch den Einstiegspunkt in die eigentliche Programmausführung. Was wir bisher aber nicht genauer betrachtet haben, ist der Rückgabetyp und die Parameter von main().

Der C++ Standard gibt zwei Varianten für die Definition der main() Funktion vor:

1. int main()
2. int main (int argc, char* argv[])

Beide Varianten haben einen ganzzahligen Rückgabewert, der den sogenannten *Exit Status* Ihres Programms repräsentiert. Der Exit Status zeigt an, ob Ihr Programm erfolgreich abgearbeitet werden konnte oder ob ein Fehler aufgetreten ist. Es ist gute Praxis, dass eine erfolgreiche Abarbeitung über den Exit Status 0 repräsentiert wird. Ein Fehler wird hingegen durch einen Exit Status ungleich 0 repräsentiert. Wie dieser Wert ungleich 0 zu interpretieren ist, muss man Ihrer Programmdokumentation entnehmen können.

Variante zwei bekommt beim Aufruf durch das Betriebssystem die Anzahl der Aufrufparameter (argc) sowie die Aufrufparameter als ein Feld von C-Strings übergeben. Der erste Eintrag (argv[0]) in diesem Feld entspricht immer dem Programmnamen. Alle weiteren Einträge (argv[1], ..., argv[argc-1]) entsprechen den übergebenen Aufrufparametern.

Die Funktion main_params() in Listing 15.4 gibt die Parameter von main() auf der Konsole aus. Dazu kann man die Funktion aus der main() Funktion wie folgt aufrufen: main_params(argc, argv, env);. main_params() gibt dann nacheinander die Anzahl der Aufrufparameter sowie die eigentlichen Aufrufparameter aus.

Listing 15.4 main_params.cpp

```
 1  void main_params(int argc, char* args[],
 2      char* env[]) {
 3
 4      cout << "Number of arguments: " << argc << endl;
 5      cout << endl;
 6
 7      cout << "Program arguments: " << endl;
 8      while (*args) {
 9          cout << *args << endl;
10          args++;
11      }
12      cout << endl;
13
14      cout << "Environment variables: " << endl;
15      while (*env) {
16          cout << *env << endl;
17          env++;
18      }
19  }
```

Zusätzlich wird hier eine Besonderheit gezeigt: der C++ Standard erlaubt für main() *another implementation-defined form, with int as return type.* Es können auch andere plattformspezifische Varianten von main() verfügbar sein (solange sie int zurückgeben). Oftmals wird eine Auswertung der Umgebungsvariablen mittels eines dritten Parameters char* env[] ermöglicht. main() hat dann die Signatur

```
int main (int argc, char* argv[], char* env[])
```

Übung: Arrays, Strings, Funktionen

Die nachfolgenden Aufgaben sollen alle als C++ *Funktion* implementiert werden. Testen Sie ihre Lösung, indem Sie die jeweilige Funktion aus Ihrem Hauptprogramm aufrufen.

Übung 16.0
Schreiben Sie eine C++ Funktion `void eratosthenes(int n)`, welche die Primzahlen bis zu einer Obergrenze *n* ermittelt. Gehen Sie dabei wie folgt vor:

- Erzeugen Sie sich ein Feld der Größe *n* mit booleschen Werten. Der Feldindex entspricht der Zahl, die prim oder nicht prim sein kann.
- Markieren Sie alle Vielfachen von 2 – diese können keine Primzahlen sein – als `false`. Markieren Sie danach alle Vielfachen von 3 als `false` – diese können auch keine Primzahlen sein, usw.

Geben Sie nach Ermittlung aller Primzahlen diese aus.

Übung 16.1
Schreiben Sie eine C++ Funktion `bool palindrome(const char* str)`, die prüft, ob die übergebene Zeichenkette ein Palindrom ist. Ein Palindrom ist vorwärts und rückwärts gelesen das gleiche Wort. Sie können Groß- und Kleinschreibung ignorieren.

Übung 16.2
Schreiben Sie eine C++ Funktion `char* to_upper(const char* str)`, die den übergebenen String in Großbuchstaben umwandelt.

© Der/die Autor(en), exklusiv lizenziert an Springer Fachmedien Wiesbaden GmbH, ein
Teil von Springer Nature 2022
M. A. Mathes und J. Seufert, *Programmieren in C++ für Elektrotechniker und
Mechatroniker*, https://doi.org/10.1007/978-3-658-38501-9_16

Übung 16.3

Schreiben Sie eine C++ Funktion `swap2()`, welche zwei `int` Werte entgegennimmt und diese vertauscht. Der Tausch der beiden Parameter soll auch für den Aufrufer der Funktion sichtbar sein.

Übung 16.4

Implementieren Sie die Vorzeichenfunktion signum : $\mathbb{R} \to \{-1, 0, 1\}$ in C++:

$$\text{signum}\,(x) \mapsto \begin{cases} -1 & \text{falls } x < 0 \\ 0 & \text{falls } x = 0 \\ +1 & \text{falls } x > 0 \end{cases}$$

Übung 16.5

Schreiben Sie eine C++ Funktion `compare()`, welche zwei Parameter erwartet. Die Aufrufparameter sollen als Ganzzahlen interpretiert und verglichen werden. Der Rückgabewert der Funktion sei

- -1, falls Parameter 1 kleiner als Parameter 2 ist
- 0, falls Parameter 1 und Parameter 2 gleich sind
- $+1$, falls Parameter 1 größer als Parameter 2 ist

Zusammengesetzte Datentypen 17

Wie Aristoteles einst feststellte:

„Das Ganze ist mehr als die Summe seiner Teile.“

Analoges gilt für zusammengesetzte Datentypen, die wir in diesem Kapitel genauer betrachten.

Den einfachsten komplexen (zusammengesetzten) Datentyp haben wir bereits in Kap. 14 kennengelernt: das Feld (engl. array). Ein Feld ist eine sequentielle Reihung von mehreren Variablen (Objekten) des gleichen Datentyps. Es gibt in C++ aber noch weitere zusammengesetzte Datentypen, die wir in diesem Kapitel betrachten wollen.

17.1 Struktur

Es ist in C++ möglich, einen eigenen Datentyp aus *mehreren verschiedenen* Datentypen zusammenzusetzen. Einen solchen zusammengesetzten Datentyp bezeichnet man als *Struktur* (`struct`). Jede Struktur besitzt einen Namen und eine Aufzählung der enthaltenen Variablen mit ihrem jeweiligen Datentyp (engl. members). Es ist auch möglich, dass die enthaltenen Variablen selbst wieder vom Typ einer Struktur sind. Man spricht dann von eingebetteten Strukturen (engl. nested structures). Nach der Definition einer Struktur kann man direkt Variablen dieser Struktur anlegen.

© Der/die Autor(en), exklusiv lizenziert an Springer Fachmedien Wiesbaden GmbH, ein
Teil von Springer Nature 2022
M. A. Mathes und J. Seufert, *Programmieren in C++ für Elektrotechniker und
Mechatroniker*, https://doi.org/10.1007/978-3-658-38501-9_17

In Listing 17.1 ist eine Struktur für Transistoren dargestellt.

Listing 17.1 Struktur für Transistoren

```
1 struct transistor {
2     int beta;
3     double ft;
4     string name;
5 } t1, t2, t3;
```

Die Struktur `transistor` dient zu Beschreibung von Transistoren anhand der Strom-verstärkung `beta`, Transitfrequenz `ft` in Megahertz und der Bauteilbezeichnung `name`. In Listing 17.1 werden auch direkt drei Variablen vom Typ `transistor` angelegt: `t1`, `t2` und `t3`. Möchte man auf die Member zugreifen, verwendet man den Punktoperator: `t1.name` liefert den Namen des Transistors `t1` wohingegen `t3.beta` die Stromverstärkung von Transistor `t3` liefert.

Wie man die eigene Struktur verwenden kann, zeigt Listing 17.2. Zunächst werden vom Benutzer eine variable Anzahl von Transistoren eingelesen. Dazu erfragen wir zunächst, wie viele Transistoren verarbeitet werden sollen und erzeugen mittels

```
transistor* transistors = new transistor[size]
```

ein Feld passender Größe. Nachdem alle Transistoren eingelesen wurden, sortieren wir diese aufsteigend nach `beta`. Der verwendete Sortieralgorithmus ist ein **_Bubblesort._** Beim Bubblesort werden immer benachbarte Elemente verglichen und falls nötig getauscht. Die Zeitkomplexität des Bubblesort ist $\mathcal{O}(n^2)$, da zwei geschachtelte Schleifen über jeweils n Elemente iterieren.

Listing 17.2 struct_example.cpp

```
 1 struct transistor {
 2     int beta;
 3     double ft;
 4     string name;
 5 }
 6
 7 void struct_example(void) {
 8
 9     size_t i, j, size;
10     struct transistor temp_transistor;
11
12     cout << "Number of transistors: ";
13     cin >> size;
14     transistor* transistors = new transistor[size];
15
16     // read transistors
17     for (i = 0; i < size; i++) {
18         cout << "Beta: ";
19         cin >> transistors[i].beta;
```

```
20        cout << "Ft:    ";
21        cin >> transistors[i].ft;
22        cout << "Name: ";
23        cin >> transistors[i].name;
24    }
25
26    // Bubblesort: lower betas first
27    for (i = 0; i < size; i++)
28        for (j = 0; j < size - 1; j++)
29            if (transistors[j].beta <
30                transistors[j + 1].beta) {
31                temp_transistor = transistors[j];
32                transistors[j] = transistors[j + 1];
33                transistors[j + 1] = temp_transistor;
34            }
35    cout << endl;
36
37    // print transistors
38    for (i = 0; i < size; i++)
39        cout
40            << "Beta: " << transistors[i].beta << ", "
41            "Ft: " << transistors[i].ft << ", "
42            "Name: " << transistors[i].name << endl;
43 }
```

17.2 Verkettete Liste

Eine (einfach) verkettete Liste ist eine **dynamische Datenstruktur,** welche eine *beliebige* Anzahl von Knoten (Datentyp `struct node`) mit Hilfe von Zeigern verkettet. Ein Knoten besteht aus zwei Komponenten: einem Datum und einem Zeiger auf den nachfolgenden Knoten. Das Datum kann ein beliebiger Datentyp sein. Die Zeigerkomponente ist vom Datentyp `node*`, d. h. ein Zeiger auf eine Knotenstruktur. Listing 17.3 zeigt ein Beispiel für einen Knoten, der als Datum die Struktur Transistor aus Listing 17.1 beinhaltet.

Listing 17.3 linked_list.cpp

```
1 struct node {
2     transistor t;
3     node* next;
4 };
```

Um mit der Liste zu arbeiten, werden zwei Zeiger auf den Anfang der Liste (`first`) und das Ende der Liste (`last`) verwaltet. Der letzte Knoten zeigt auf NULL, was das Ende der Liste markiert. Der `first` Zeiger dient als Startpunkt (Anker) zum sequentiellen Durchlaufen der Liste. Der `last` Zeiger dient zum effizienten Einfügen eines neuen Knotens am Ende der Liste (Abb. 17.1).

Abb. 17.1 Struktur einer Liste
mit drei Elementen

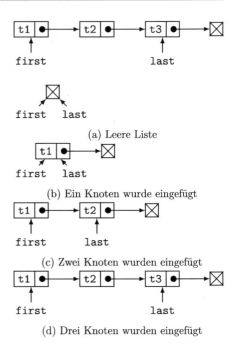

(a) Leere Liste

(b) Ein Knoten wurde eingefügt

(c) Zwei Knoten wurden eingefügt

(d) Drei Knoten wurden eingefügt

Abb. 17.2 Einfügen in eine
Liste

17.2.1 Knoten einfügen

Zu Beginn ist die Liste leer, d. h. `first` und `last` zeigen beide auf NULL. Um den ersten
Knoten einzufügen, genügt es, `first` und `last` auf diesen neuen Knoten zeigen zu lassen.
Sobald sich ein oder mehrere Knoten in der Liste befinden, kann der neue Knoten mit Hilfe
des `last` Zeigers „angehängt" werden. Hierfür wird die Zeigerkomponente von `last` auf
den neuen Knoten gesetzt und anschließend `last` auf den neuen Knoten „weitergeschoben".
Der sequentielle Ablauf beim Einfügen ist in Abb. 17.2 gezeigt; die zugehörige Funktion in
Listing 17.4.

Listing 17.4 linked_list.cpp

```
 1  // add a new transistor to the end of the list
 2  void add_node(node* n) {
 3
 4      // list is still empty
 5      if (first == NULL) {
 6          first = n;
 7          last = n;
 8          return;
 9      }
10
11      last->next = n;
12      last = n;
13  }
```

Die Schreibweise `last->next = n;` ist die Kurzform für `(*last).next = n;` und bedeutet, dass zunächst der Zeiger `last` dereferenziert wird – dies liefert eine Knotenstruktur – und anschließend auf die Komponente `next` zugegriffen wird. Der `->` deutet an, dass hier mit Zeigern operiert wird.

 Das Einfügen eines neuen Knotens am Ende der Liste hat die Zeitkomplexität $\mathcal{O}(1)$. Möchte man jedoch eine sortierte Liste aufbauen, muss die Einfügestelle erst gefunden werden. Die Zeitkomplexität ist dann $\mathcal{O}(n)$, da im schlechtesten Fall zunächst die ganze Liste durchlaufen werden muss.

17.2.2 Knoten löschen

Beim Löschen von Knoten wird immer der letzte Knoten entfernt, d. h. der Knoten auf den `last` zeigt. Deshalb arbeitet die hier vorgestellte Liste nach dem so genannten **Last-In-First-Out (LIFO)** Prinzip.

Beim Löschen von Knoten müssen drei Fälle unterschieden werden:

1. Die Liste ist leer.
2. Die Liste hat genau einen Knoten.
3. Die Liste hat mehr als einen Knoten.

Ist die Liste leer, wird lediglich ein NULL Zeiger zurückgegeben. Zeigen `first` und `last` auf den selben Knoten, hat die Liste genau einen Knoten. Dieser wird freigegeben und anschließend `first` und `last` auf NULL gesetzt. Sind `first` und `last` hingegen unterschiedlich – die Liste hat also mehr als einen Knoten – muss man zunächst den vorletzten Knoten finden und `last` auf diesen Knoten „verbiegen". Um Speicherlecks zu vermeiden, muss der „abgehängte" Knoten freigegeben werden. Vergisst man dies, ist der Knoten zwar nicht mehr Teil der Liste, benötigt aber immer noch Speicherplatz im Kontext des umfassenden Programms.

In Listing 17.5 zum Löschen eines Knoten kommen die Operatoren `new` und `delete` zum Einsatz. Wie bereits kurz erläutert dient `new` zum Anfordern von Hauptspeicher während der Laufzeit eines C++ Programms. Man spricht auch von **Allokation**. Mittels `delete` wird der zur Laufzeit angeforderte Hauptspeicher wieder freigegeben. Man spricht auch von **Deallokation**.

Die Funktion `remove_node()` liefert einen Zeiger auf den entfernten Knoten zurück oder NULL falls die Liste leer ist. Um den entfernten Knoten zurückgeben zu können, wird zunächst eine Kopie des letzten Knotens angelegt. Danach wird dieser aus der Liste entfernt und dessen Speicher freigegeben.

Listing 17.5 linked_list.cpp

```
1  // delete transistor at the end of the list
2  transistor* remove_node() {
3      transistor* t = NULL;
4
5      if (first == NULL) {
6          cout << "List is empty." << endl;
7          return t;
8      }
9
10     // copy last transistor
11     t = new transistor;
12     t->beta = last->t.beta;
13     t->ft = last->t.ft;
14     t->name = last->t.name;
15
16     if (first == last) {
17         delete first;
18         first = NULL;
19         last = NULL;
20         return t;
21     }
22
23     // search node before last node
24     node* h = first;
25     while (h->next != last) {
26         h = h->next;
27     }
28
29     delete last;
30     last = h;
31     last->next = NULL;
32
33     return t;
```

 Das Löschen eines Knotens hat die Zeitkomplexität $\mathcal{O}(1)$.

17.2.3 Listeninhalt ausgeben

Zum Ausgeben der Liste muss zwischen einer leeren und nicht-leeren Liste unterschieden werden. Falls first noch den Wert NULL hat, ist die Liste leer. Hier genügt eine einfache Rückmeldung auf der Konsole. Falls first auf eine Knotenstruktur zeigt, kann man die Liste sukzessive durchlaufen. Dazu verwendet man einen Zeiger auf den ersten Knoten, den man solange Knoten für Knoten weiterschiebt, solange man nicht das Listenende erreicht hat. Die zugehörige Funktion ist in Listing 17.6 gezeigt.

Listing 17.6 linked_list.cpp

```cpp
void print_list() {
    if (first == NULL) {
        cout << "List is empty." << endl;
        return;
    }

    node* n = first;
    while (n != NULL) {
        cout << "| Beta: " << n->t.beta << endl;
        cout << "| Ft: " << n->t.ft << endl;
        cout << "| Name: " << n->t.name
                << endl << endl;

        n = n->next;
    }
}
```

17.2.4 Testen der Liste

Zum Testen der verketteten Liste implementieren wir die Funktion in Listing 17.7. Diese zeigt ein Auswahlmenü an, um die Liste auszugeben, einen Transistor einzufügen und einen Transistor aus der Liste zu löschen.

Listing 17.7 linked_list.cpp

```cpp
// test function for linked list
void linked_list(void) {

    int selection = 0;

    do {
        cout << "--------------------------" << endl;
        cout << "-1 : Exit menu." << endl;
        cout << "--------------------------" << endl;
        cout << "What do you want to do?" << endl;
        cout << " 1. Print list" << endl;
        cout << " 2. Add transistor" << endl;
        cout << " 3. Remove transistor" << endl;

        cout << "Your selection: ";
        cin >> selection;

        switch (selection) {
            case 1:
            {
                print_list();
            }
```

```
23          break;
24       case 2:
25       {
26           // create a new transistor node and
27           // add to list
28           node* newNode = new node;
29           cout << "Beta: ";
30           cin >> newNode->t.beta;
31           cout << "Ft: ";
32           cin >> newNode->t.ft;
33           cout << "Name: ";
34           cin >> newNode->t.name;
35           newNode->next = NULL;
36           add_node(newNode);
37       }
38          break;
39       case 3:
40       {
41           transistor* t = remove_node();
42           if (t != NULL) {
43               cout << "Beta: "
44                    << t->beta << endl;
45               cout << "Ft: "
46                    << t->ft << endl;
47               cout << "Name: "
48                    << t->name << endl;
49           }
50           delete t;
51       }
52          break;
53       };
54    } while (selection != -1);
55
56    // clean up memory if there are
57    // still transistors stored
58    while (first != NULL) {
59        remove_node();
60    }
61 }
```

Übungen

1. Erweitern Sie die Funktion `add_node()` dahingehend, dass ein neuer Transistor nicht am Ende der verketteten Liste eingefügt wird, sondern aufsteigend sortiert nach `beta`. Sollten mehrere Transistoren mit gleichem `beta` existieren, fügen Sie den neuen Transistor absteigend sortiert nach `ft` ein.

2. Erweitern Sie die Struktur `node` um einen Rückwärtszeiger `previous`, der auf den vorherigen Knoten zeigt. Verwenden Sie diesen Zeiger, um das Löschen eines Knoten zu vereinfachen.

Übung: Algorithmen

18

Übung 18.0[1]

Schreiben Sie ein C++ Programm, welches alle pythagoreischen Zahlentripel bis zu einer gegebenen Obergrenze upperBound findet. Diese Obergrenze soll von der Tastatur eingelesen werden. Ein Zahlentripel (a, b, c) ist pythagoreisch, wenn gilt $a^2 + b^2 = c^2$.

Schreiben Sie dazu die beiden Funktionen

- `bool is_pythagorean_triple(int a, int b, int c)`
- `find_pythagorean_triple(int upperBound)`

`is_pythagorean_triple()` dient zur Prüfung, ob ein Zahlentripel pythagoreisch ist oder nicht. `find_pythagorean_triple()` findet alle Tripel bis zur gegebenen Obergrenze, indem die erste Funktion verwendet wird.

Übung 18.1

Die Internationale Standardbuchnummer ISBN-13 ist eine Nummer zur eindeutigen Kennzeichnung von Büchern und anderen selbstständigen Veröffentlichungen mit redaktionellem Anteil, die aus 13 Ziffern besteht.

Beispiel: 978-3-12-732320-7

Die letzte Ziffer ist dabei eine Prüfziffer, die aus den anderen 12 Ziffern berechnet wird – im obigen Beispiel die Ziffer 7. Die Formel zur Berechnung der Prüfziffer lautet:

---

[1] Wer sich für Algorithmen und Datenstrukturen interessiert, dem sei folgende Fachliteratur empfohlen: [8, 10].

© Der/die Autor(en), exklusiv lizenziert an Springer Fachmedien Wiesbaden GmbH, ein Teil von Springer Nature 2022
M. A. Mathes und J. Seufert, *Programmieren in C++ für Elektrotechniker und Mechatroniker*, https://doi.org/10.1007/978-3-658-38501-9_18

$$z_{13} = \left(10 - \left(\sum_{i=1}^{12} z_i \cdot 3^{(i+1) \bmod 2} \right) \bmod 10 \right) \bmod 10$$

Schreiben Sie ein C++ Programm, dass die ersten 12 Ziffern der ISBN als `long long` Zahl einliest und die entsprechende Prüfziffer berechnet und ausgibt.

Hinweis
Sie können die Funktion `int pow(int x, int n)` benutzen, die die Potenz x^n berechnet.

Übung 18.2
Sei $a = (a_1, a_2, \ldots, a_n), n \in \mathbb{N}, a_n \in \mathbb{Z}$ eine endliche Folge von ganzen Zahlen und $a' = (a_i, a_{i+1}, \ldots, a_{i+k}), i, k \in \mathbb{N}, i + k \leq n$ eine endliche Teilfolge von a.

Gesucht ist die maximale Teilsumme a_{max}, d. h. diejenige Teilfolge a' mit der größten Summe der Folgenglieder:

$$a_{max} = \max \left(\sum_{j=i}^{i+k} a_j \right)$$

Bemerkung
Für $i = k = 0$ ergibt sich die leere Teilfolge $a' = ()$ mit der Teilsumme 0. Für $i = 1, k = n - 1$ ergibt sich die gesamte Folge $a' = a$.

Machen Sie sich anhand eines Beispiels klar, was obige Definition anschaulich bedeutet. Wählen Sie sich dazu ein Array mit 10 `int` Werten und ermitteln Sie alle Teilsummen dieses Arrays sowie die maximale Teilsumme per Hand.

Schreiben Sie eine C++ Funktion mit folgendem Prototyp:

```
int subtotal(int elements, int sequence[])
```

Die Funktion erhält ein `int` Array `sequence` mit `elements` Elementen und errechnet dessen maximale Teilsumme.

Übung 18.3
Versuchen Sie Ihren Algorithmus für die maximale Teilsumme dahingehend zu optimieren (falls noch nicht geschehen), dass zur Berechnung von Teilsummen mit mehr Folgegliedern die bereits bekannten Ergebnisse der Teilsummen mit weniger Folgegliedern verwendet werden. (Dies sollte zu einer Verbesserung der Zeitkomplexität auf Kosten der Raumkomplexität führen.)

Teil III

Objektorientierte Programmierung

Bei der prozeduralen Programmierung kommt es zu einer Trennung zwischen Daten und Prozeduren. Daten repräsentieren Informationen der realen Welt, die verarbeitet werden sollen. Prozeduren operieren auf den Daten und verändern diese in geeigneter Form. Bei der Entwicklung prozeduraler Programme bestimmt man zunächst die relevanten Daten. Anschließend implementiert man Prozeduren zur Manipulation selbiger.

Die objektorientierte Programmierung (OOP) ist ein Programmierparadigma, das wesentliche konzeptionelle Unterschiede zur prozeduralen Programmierung aufweist und deren Nachteile zu verhindern sucht. Dazu unterscheidet die OOP drei wesentliche Konzepte:

- Abstraktion $\Rightarrow$ Klassen und Objekte
- Wiederverwendung $\Rightarrow$ Vererbung
- Polymorphie

Diese Konzepte liegen allen objektorientierten Sprachen zugrunde, werden jedoch auf verschiedene Weise umgesetzt und implementiert.

Hier im 3. Teil des Buches soll eine Einführung in die OOP gegeben werden, entsprechende Vertiefung finden sie dann in eigener Fachliteratur [6, 14].

19.1 Abstraktion durch Klassen und Objekte

Unter Abstraktion versteht man, dass man von der konkreten Anschauung auf die allgemeine Struktur einer Sache schließt. Objektorientierte Programmiersprachen realisieren Abstraktion durch Klassen, Objekte und Schnittstellen. Eine *Klasse* ist eine Schablone, die die Struktur eines Gegenstands der realen Welt abstrakt beschreibt. Ein *Objekt* wird aus einer Klasse erzeugt und repräsentiert einen konkreten Gegenstand der realen Welt. Objekte kön-

M. A. Mathes und J. Seufert, *Programmieren in C++ für Elektrotechniker und Mechatroniker*, https://doi.org/10.1007/978-3-658-38501-9_19

nen als konkrete Exemplare/Instanzen von Klassen verstanden werden. Eine Klasse muss drei wesentliche Informationen über die Struktur ihrer Objekte formulieren:

- Welche Merkmale besitzen die Objekte? ⇒ *Attribute*
- Welche Fähigkeiten bieten die Objekte an und wie nutzt man sie? ⇒ *Methoden*
- Wie (in welchem Zustand) erzeugt man ein Objekt? ⇒ *Konstruktoren*

Die Klasse beschreibt die Merkmale ihrer Objekte über Attribute. Ein Attribut kann als ein Speicherplatz für eine bestimmte Eigenschaft, welches die Objekte dieser Klasse besitzen, aufgefasst werden. Die Werte aller Attribute zusammen geben den *Zustand* des Objekts wieder. Die Fähigkeiten seiner Objekte beschreibt die Klasse über Methoden. Eine Methode entspricht einer Prozedur einer prozeduralen Programmiersprache und implementiert eine bestimmte Funktionalität. Die Klasse definiert Konstruktoren, die festlegen, wie konkrete Objekte erzeugt werden sollen. Ein Konstruktor belegt auch die Attribute eines Objekts bei dessen Erzeugung. Die Programmiersprache C++ kennt darüber hinaus auch noch *Destruktoren.* Die Destruktoren legen fest, welche Aufräumarbeiten durchgeführt werden, falls ein Objekt nicht mehr benötigt wird.

Beispiel für Abstraktion Geht man durch eine Bibliothek, findet man eine Reihe von Büchern. Alle diese Bücher haben – obwohl sie sich inhaltlich unterscheiden – gemeinsame Merkmale, wie beispielsweise einen Titel, einen Autor, eine Internationale Standardbuchnummer (ISBN) oder einen Preis.

In Abb. 19.1 wird eine Klasse mithilfe der *Unified Modeling Language (UML)* [3] dargestellt. Die Klasse besitzt den Bezeichner `KlassenName` und jeweils zwei Attribute und zwei Methoden. Das Minuszeichen vor den Attributen zeigt an, dass diese als privat deklariert wurden, d. h. sie können nur innerhalb der Klasse gelesen und geändert werden. Die Methoden hingegen sind öffentlich zugänglich, was durch das führende Pluszeichen angezeigt wird.

Abb. 19.1 Darstellung einer Klasse mit UML

KlassenName
− attribut1 : int
− attribut2 : string
+ operation1(void) : int
+ operation2(float) : void

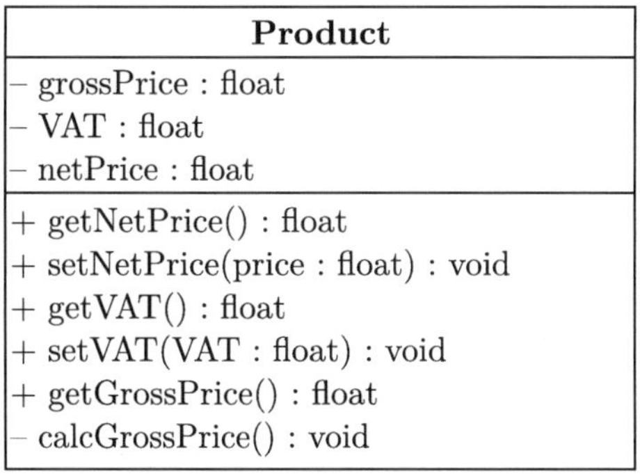

Abb. 19.2 Die Klasse
`Product` als Beispiel für
Kapselung

Product
− grossPrice : float
− VAT : float
− netPrice : float
+ getNetPrice() : float
+ setNetPrice(price : float) : void
+ getVAT() : float
+ setVAT(VAT : float) : void
+ getGrossPrice() : float
− calcGrossPrice() : void

19.1.1 Kapselung

Unter *Kapselung (engl. encapsulation)* versteht man das Zusammenfassen von Daten
(Attributen) und Funktionalität (Methoden), die auf diesen Daten arbeitet, zu einer Einheit
(Klasse). Es gibt also *keine* Attribute oder Methoden, die außerhalb einer Klasse existieren.
Zusätzlich fordert man, dass der Zugriff auf die Attribute (Zustand) eines Objekts nur durch
dessen Methoden möglich ist. Bildlich gesprochen legen sich die Methoden eines Objekts
wie eine „Schale" um dessen Zustand. Nur über die Methoden kann der Zustand geän-
dert werden. Man definiert für jedes Attribut für gewöhnlich eine `get()` und eine `set()`
Methode, falls das Attribut „von außen" gelesen bzw. geschrieben werden soll.

In Abb. 19.2 kapselt die Klasse `Product` die (preislichen) Eigenschaften eines Produkts.
Ein Produkt hat einen Bruttopreis, einen Nettopreis und einen Mehrwertsteuersatz. Die drei
Attribute sind als privat deklariert, d. h. sie können nur über entsprechende `get()` und
`set()` Methoden gelesen bzw. geschrieben werden. Da der Brutto- und Nettopreis inhaltlich
zusammenhängen, gibt es nur für den Nettopreis und die Mehrwertsteuer je zwei Methoden
zum Lesen (`get()`) und Schreiben (`set()`) der Attribute. Der Bruttopreis kann nur gelesen
werden. Die Klasse stellt über die private Methode `calcGrossPrice` sicher, dass nach
einer Änderung von Nettopreis oder Mehrwertsteuer auch der Bruttopreis aktualisiert wird.

19.2   Wiederverwendung durch Vererbung

Bestimmte Aufgaben und Probleme treten bei der Entwicklung von verschiedenen Programmen gleichermaßen auf. Hat man eine Lösung für ein bestimmtes Problem implementiert,
möchte man sie auch gerne für die anderen Probleme einsetzen. Damit dies möglich wird,
muss der Code *wiederverwendbar* sein, d. h. er muss allgemein genug implementiert werden,
um ihn in verschiedenen Kontexten einsetzen zu können. Das Gegenteil von Wiederverwendung ist *Codereplikation*, bei der bestehender Code (in leicht modifizierter Form) in andere
Programme kopiert wird.

Objektorientierte Programmiersprachen ermöglichen Wiederverwendung über **Verer-**
bung. Unter Vererbung versteht man, dass eine Klasse – die sogenannte **Unterklasse (abge-**
leitete Klasse) – die Attribute und Methoden einer anderen Klasse – der sogenannten **Basis-**
klasse (Oberklasse) – übernimmt. Durch Vererbung kann Funktionalität, die bereits in der
Oberklasse implementiert wurde, auch in der Unterklasse verwendet werden. Außerdem
kann die Unterklasse die Eigenschaften der Oberklasse verfeinern und spezialisieren. Oberklasse und Unterklasse stehen in einer „*ist ein*" oder „*is a*" Beziehung zueinander.

Beispiel Ein Stuhl ist ein Möbel. Ein Tisch ist ein Möbel. Folglich können die Klassen
`Tisch` und `Stuhl` von `Moebel` erben. Gleichermaßen kann man sagen, dass ein Hammer und eine Säge Werkzeuge sind. Folglich kann man die Klassen `Hammer` und `Saege`
definieren, die von der Klasse `Werkzeug` erben.

Vererbung lässt sich in der UML mithilfe eines Pfeils darstellen, der von der Unterklasse auf die Oberklasse zeigt. Die Pfeilspitze ist ein nicht ausgefülltes Dreieck. Abb. 19.3
zeigt eine Klassenhierarchie für Fahrzeuge. Ein Fahrzeug kann entweder motorisiert sein
oder nicht. Deshalb erben `VehicleWithMotor` und `VehicleWithoutMotor` von
`Vehicle` – sie sind also beide Fahrzeuge und besitzen dieselben Attribute und Methoden wie `Vehicle`. Unter `VehicleWithMotor` gibt es wiederum drei erbende Klassen:
`Motorbike`, `Truck` und `Car`. Unterhalb von `VehicleWithoutMotor` gibt es die
beiden abgeleiteten Klassen `Skateboard` und `Bicycle`.

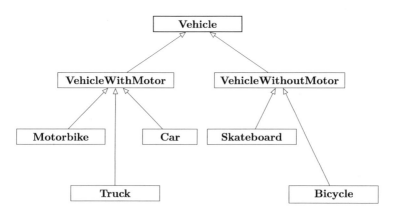

Abb. 19.3 Die Vererbungshierarchie `Vehicle`

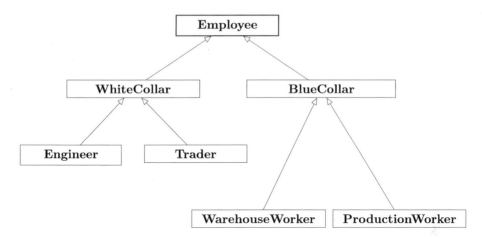

Abb. 19.4 Die Vererbungshierarchie Employee

Übung
Gegeben sei die Vererbungshierarchie in Abb. 19.4. Erklären Sie, in welcher Beziehung die Klassen zueinander stehen. Überlegen Sie sich sinnvolle Attribute und Methoden für jede Klasse.

19.3 Polymorphie

Der Begriff **Polymorphie** kommt aus dem Griechischen und bedeutet übersetzt so viel wie *Vielgestaltigkeit* oder *viele Formen*. In objektorientierten Programmiersprachen kann ein Attribut eine Referenz, d. h. ein Verweis, auf ein anderes Objekt sein. Polymorphie bezeichnet die Eigenschaft, dass ein Attribut auf Objekte verschiedener Klassen verweisen kann, vorausgesetzt, diese Objekte haben eine *gemeinsame* Oberklasse.

Im Beispiel zur Vererbung (Abschn. 19.2) haben wir gesehen, dass Car und Truck sowie Motorbike, Bicycle und Skateboard alles Fahrzeuge sind, denn sie erben von der Klasse Vehicle. Polymorphie erlaubt es nun, beispielsweise ein Array von Vehicle Objekten zu erzeugen und darin ganz verschiedene konkrete Fahrzeuge abzulegen.

19.4 Zusammenfassung

Durch die objektorientierte Programmierung wird es möglich, Problemstellungen realistisch zu modellieren. Gegenstände aus der Anschauung finden sich auch im Programm wieder. Klassen sind kleine, übersichtliche Code-Fragmente, die für verschiedene Aufgaben eingesetzt werden können. Dadurch steigt die Wiederverwendbarkeit der Software. Gleichzeitig nimmt die Code-Replikation ab. Die Anpassung (Wartung) einer Software ist bei gut gelebter Objektorientierung wesentlich einfacher möglich, da man Klassen einfach gegeneinander austauschen kann. Die Entwicklungszeit sinkt, da man in vielen Sprachen auf eine mächtige Klassenbibliothek zurückgreifen kann, die ausgereift und nahezu fehlerfrei ist.

Wir wollen nun die verschiedenen Konzepte der Objektorientierung anhand eines konkreten Fallbeispiels Schritt für Schritt betrachten. Wir nehmen an, dass wir verschiedene geometrische Formen implementieren wollen, die sowohl gemeinsame, als auch unterschiedliche Merkmale haben können. Konkrete geometrische Formen sind z. B. ein Rechteck, ein Dreieck oder eine Ellipse.

Zunächst überlegen wir, welche Merkmale und Fähigkeiten alle geometrischen Figuren gemeinsam haben sollen. Wir beschränken uns bei den gemeinsamen Merkmalen auf Farbe (color) und Sichtbarkeit (hidden).

Außerdem soll jede geometrische Form ihren Flächeninhalt und Umfang berechnen, sowie eine kurze Selbstbeschreibung ausgeben können. Diese Gemeinsamkeiten fassen wir in einer allgemeinen Klasse GeoShape zusammen. Da von dieser Klasse keine Objekte erzeugt werden sollen, wird sie als *abstrakt* modelliert. Nur von den konkreten Unterklassen können zur Laufzeit des Programms neue Objekte erzeugt werden. Zwei konkrete geometrische Formen sind z. B. Recht- und Dreieck.

Eine *abstrakte Klasse* beinhaltet Merkmale und Fähigkeiten, die für eine Menge verschiedener Unterklassen relevant sind. Jedoch ist eine abstrakte Klasse unter bestimmten Aspekten nicht konkret genug, um sie vollständig zu implementieren. Folglich macht es auch keinen Sinn, Objekt einer abstrakten Klasse zu erzeugen. Erst die konkretisierten Unterklassen spezifizieren vollständig das gewünschte Verhalten.

Ein Rechteck (Rectangle) lässt sich über die beiden Seiten sideA und sideB beschreiben; ein Dreieck (Triangle) hat noch eine zusätzliche Seite sideC. Neben den Methoden zur Berechnung des Flächeninhalts und des Umfangs kann ein Rechteck prüfen, ob es ein Quadrat ist (isSquare()), und ein Dreieck kann prüfen, ob es gleichseitig ist (isEquilateral()).

Zusätzlich wollen wir noch zählen, wie viele geometrische Formen wir insgesamt erzeugt haben bzw. wie viele aktuell existieren. Die beschriebenen Zusammenhänge sind in Abb. 20.1 in Form eines UML Klassendiagramms modelliert.

© Der/die Autor(en), exklusiv lizenziert an Springer Fachmedien Wiesbaden GmbH, ein Teil von Springer Nature 2022
M. A. Mathes und J. Seufert, *Programmieren in C++ für Elektrotechniker und Mechatroniker*, https://doi.org/10.1007/978-3-658-38501-9_20

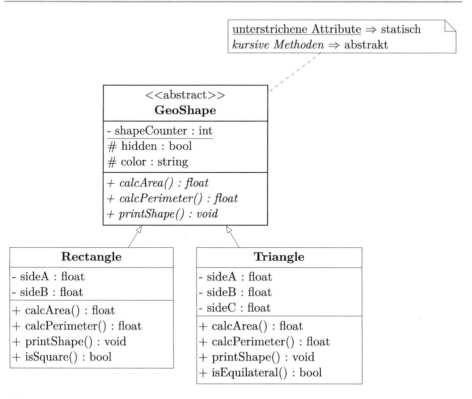

Abb. 20.1 Die Vererbungshierarchie GeoShape

20.1   Definition und Implementierung einer Klasse

In C++ wird eine Klasse für gewöhnlich durch zwei Dateien implementiert:

1. eine *Header-Datei* (**.h**), welche die Struktur der Klasse definiert (Listing 20.1)
2. einer *Implementierungsdatei* (**.cpp**), welche die definierten Methoden implementiert
   (Listing 20.3)

Die Implementierungsdatei muss die Header-Datei mittels #include einbinden, damit die
Definition der Klasse bekannt ist. Oftmals wird die Header-Datei auch als *Schnittstelle der*
Klasse bezeichnet, da in ihr die Struktur und Zugriffsberechtigungen der Klasse definiert
werden.

Verwendet man den „New C++ Class" Wizard von NetBeans, werden diese beiden
Dateien automatisch für Sie angelegt (Abb. 20.2).

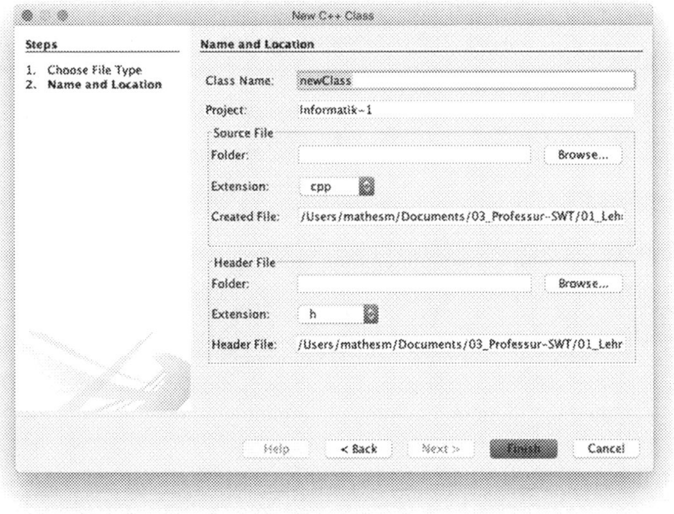

Abb. 20.2 NetBeans New C++ Class Wizard

20.1.1 Definition der Klassenstruktur

Eine Klasse ist ein selbst definierter Datentyp, der sowohl Eigenschaften in Form von Attributen als auch Fähigkeiten in Form von Methoden kapselt. Eine Klasse wird in C++ über das Schlüsselwort `class` definiert. Den Namen der Klasse geben wir in *camel-case Schreibweise* an, d. h. bei einem zusammengesetzten Begriff beginnt jeder Teilbegriff mit einem Großbuchstaben (Listing 20.1).

Listing 20.1 GeoShape.h

```
 1  #ifndef GEOSHAPE_H
 2  #define GEOSHAPE_H
 3
 4  // definition of abstract class GeoShape
 5  class GeoShape {
 6      private:
 7          // private attributes:
 8          static int shapeCounter;
 9          // private methods: none
10
11      protected:
12          // protected attributes:
13          bool hidden;
14          string color;
```

```
15          // protected methods: none
16
17      public:
18          // public attributes: none
19          // constructors:
20          GeoShape(bool hidden, string color);
21          // destructors:
22          virtual ~GeoShape();
23          // pure virtual => GeoShape is abstract
24          virtual float calcArea() = 0;
25          virtual float calcPerimeter() = 0;
26          // public methods:
27          virtual void printShape();
28  };
29  #endif /* GEOSHAPE_H */
```

Eine Klasse kann für ihre Attribute und Methoden *Zugriffsrechte (engl. access specifier)* festlegen. Die Zugriffsrechte geben an, welche anderen Klassen/Objekte auf das Attribut zugreifen dürfen:

- public: Die Attribute/Methoden sind in der Klasse selbst, in abgeleiteten Klassen und für Aufrufer von Instanzen der Klasse zugreifbar („überall sichtbar").
- protected: Die Attribute/Methoden sind in der Klasse selbst und in abgeleiteten Klassen zugreifbar („innerhalb der Vererbungshierarchie sichtbar").
- private: Die Attribute/Methoden sind nur innerhalb der Klasse selbst zugreifbar. Abgeleitete Klassen und Aufrufer von Instanzen sehen das Attribut nicht („außerhalb der Klasse unsichtbar").

Ohne explizite Angabe der Zugriffsrechte wird per default private angenommen. Dies ist aber nicht immer sinnvoll. Sind alle Attribute und Methoden einer Oberklasse als privat deklariert, so können Unterklassen auf selbige nicht zugreifen. Folglich verhalten sich die Unterklassen auch nicht wie die Oberklasse und die „ist ein" Beziehung wird nicht erfüllt. Die Verwendung von protected stellt meistens den „goldenen Mittelweg" dar.

Um in C++ eine Klasse als abstrakt zu definieren, muss mindestens eine ihrer Methoden als *pure virtual* deklariert werden:

Listing 20.2 Definition abstrakter Methoden

```
1  virtual float calcArea() = 0;
2  virtual float calcPerimeter() = 0;
```

Die Berechnung des Flächeninhalts und Umfangs sind abstrakt, da es von der konkreten geometrischen Form abhängt, wie die Berechnung erfolgt. Deshalb können wir dieses Verhalten noch nicht in der Oberklasse GeoShape definieren.

20.1.2 Implementierung von GeoShape

Nun definieren wir alle nicht-abstrakten Methoden von GeoShape indem wir deren Implementierung angeben. Wir müssen also den Konstruktor, den Destruktor und die Methode printShape() implementieren (Listing 20.3).

Listing 20.3 GeoShape.cpp

```
 1 #include "examples.h"
 2 #include "GeoShape.h"
 3
 4 GeoShape::GeoShape(bool hidden, string color) {
 5     shapeCounter++; // a new shape
 6
 7     this->hidden = hidden;
 8     this->color = color;
 9
10     cout << "-- Number of shapes: "
11         << shapeCounter << " --" << endl;
12 }
13
14 GeoShape::~GeoShape() {
15     shapeCounter--;
16     cout << "-- Number of shapes: "
17         << shapeCounter << " --" << endl;
18 }
19
20 void GeoShape::printShape() {
21     cout << "I am a GeoShape object." << endl;
22     cout << (hidden ?
23     "I am hidden." : "I am not hidden.") << endl;
24     cout << "My color is " << color << endl;
25 }
26
27 // no shapes at the beginning
28 int GeoShape::shapeCounter = 0;
```

Der **Konstruktor** hat die Aufgabe, bei der Erzeugung eines neuen GeoShape Objektes dessen Attribute mit sinnvollen Werten zu initialisieren. Der Konstruktor muss *exakt den gleichen Bezeichner* wie die Klasse selbst haben und darf *keinen Rückgabetyp* – auch nicht void – besitzen. Der Konstruktor in Listing 20.3 erhält die Aufrufparameter hidden und color und weist diese den gleichnamigen Attributen zu. Um zwischen den Aufrufparametern und den Attributen zu unterscheiden, kann mittels this-> auf die Attribute des jeweiligen Objekts zugegriffen werden. Bei Erzeugung eines neuen Objekts wird der jeweils „passende" Konstruktor automatisch aufgerufen.

Der **Destruktor** wird aufgerufen, sobald ein Objekt nicht mehr benötigt und deshalb wieder freigegeben wird (z. B. wenn der Kontrollfluss den Sichtbarkeitsbereich eines Objekts wieder verlässt). Auch der Destruktor darf keinen Rückgabetyp haben – auch nicht void. Der Bezeichner des Konstruktors muss dem Klassennamen entsprechen, beginnt jedoch mit einer Tilde (~).

Die Methode printShape() ist die einzige echte Funktionalität der Klasse GeoShape. Sie gibt eine kurze Beschreibung des Objekts, bestehend aus dessen Name, der Sichtbarkeit und der Farbe aus. Da wir von GeoShape jedoch keine Objekte erzeugen können, ist ein direkter Aufruf dieser Methode nicht möglich.

20.2   GeoShape als Oberklasse geometrischer Figuren

Nachdem wir nun die Struktur der Klasse GeoShape beschrieben und implementiert haben, wollen wir konkrete Ausprägungen einer geometrischen Form definieren. Gemäß Klassendiagramm (Abb. 20.1) soll es eine abgeleitete Klasse Rectangle, die Rechtecke repräsentiert, und eine abgeleitete Klasse Triangle, die Dreiecke repräsentiert, geben.

20.2.1 Die Klasse Rectangle

Weil ein Rechteck eine geometrische Form ist und auch ein Dreieck eine geometrische Form ist, stehen die Klassen in einer Vererbungsbeziehung zueinander (*„is a" Beziehung*), d. h. die Klasse Rectangle wird von der Klasse GeoShape abgeleitet (Listing 20.4).

Listing 20.4 Rectangle.h

```
 1 #ifndef RECTANGLE_H
 2 #define RECTANGLE_H
 3
 4 #include "examples.h"
 5 #include "GeoShape.h"
 6
 7 // definition of the concrete shape Rectangle
 8 class Rectangle : public GeoShape {
 9     private:
10         // private attributes
11         float sideA;
12         float sideB;
13         // private methods
14         // none
15
16     protected:
17         // protected attributes
18         // none
```

```
19        // protected methods
20        // none
21
22   public:
23        // public attributes
24        // none
25        // public methods
26        Rectangle(bool hidden, string color,
27                float sideA, float sideB);
28        bool isSquare();
29        virtual float calcArea();
30        virtual float calcPerimeter();
31        virtual void printShape();
32 };
33 #endif /* RECTANGLE_H */
```

Um anzuzeigen, dass die Klasse Rectangle von der Klasse GeoShape erbt, verwendet man in C++ den Doppelpunkt (:) in der Form

```
class DerivedClass : public BaseClass
```

Dadurch bekommt die Klasse Rectangle alle Attribute und Methoden vererbt, die in GeoShape als public oder protected deklariert sind. Sie müssen also Daten (Attribute) und Funktionalität (Methoden), die Sie bereits in GeoShape implementiert haben, nicht noch einmal in Rectangle wiederholen, sondern können diese wiederverwenden.

Das Schlüsselwort public hinter dem „Vererbungsdoppelpunkt" gibt an, mit welchen Zugriffsrechten die Attribute und Methoden in der abgeleiteten Klasse versehen werden. In diesem Fall haben public und protected Attribute und Methoden der Oberklasse die jeweils gleichen Zugriffsrechte in der abgeleiteten Klasse. Dies ist für uns der Regelfall.

Rectangle gibt konkrete Implementierungen der abstrakten Methoden calcArea() und calcPerimeter() von GeoShape an (Listing 20.5). Den Flächeninhalt A eines Rechtecks berechnen wir mit $A = a \cdot b$, den Umfang U mit $U = 2a + 2b$.

Listing 20.5 Rectangle.cpp

```
 1 #include "Rectangle.h"
 2
 3 Rectangle::
 4      Rectangle(bool hidden, string color,
 5      float sideA, float sideB)
 6      : GeoShape(hidden, color) {
 7      this->sideA = sideA;
 8      this->sideB = sideB;
 9 }
10
11 bool Rectangle::isSquare() {
```

```
12      return (fabs(sideA - sideB) < 0.0001);
13 }
14
15 float Rectangle::calcArea() {
16      return (sideA * sideB);
17 }
18
19 float Rectangle::calcPerimeter() {
20      return (2 * sideA + 2 * sideB);
21 }
22
23 void Rectangle::printShape() {
24      cout << "I am a Rectangle object." << endl;
25      cout << (hidden ?
26      "I am hidden." : "I am not hidden.") << endl;
27    cout << "My color is " << color << "." << endl;
28      cout << "Side A = " << sideA << endl;
29      cout << "Side B = " << sideB << endl;
30 }
```

Zusätzlich kann man ein Rechteck fragen, ob es quadratisch ist, d. h. Seite *a* und Seite *b* gleich lang sind. Dazu gibt es die Methode isSquare(), die true oder false zurückgeben kann.

Die Methode printShape(), die in der Klasse GeoShape ja bereits existiert und implementiert ist, wird durch Rectangle *überschrieben:* Ein Rechteck gibt zusätzlich noch die Länge seiner Seiten aus.

Da ein Rechteck über die Attribute sideA und sideB beschrieben wird, muss auch der Konstruktor für ein Rechteck erweitert werden. Dieser erwartet nun zusätzlich Werte für die beiden Seiten:

```
Rectangle::Rectangle(bool hidden, string color,
    int sideA, int sideB) : GeoShape(hidden, color)
```

Für die beiden geerbten Attribute hidden und color kann direkt der Konstruktor der Oberklasse GeoShape verwendet werden. Dies geschieht durch die Weitergabe der Attribute hidden und color durch

```
: GeoShape(hidden, color).
```

20.2.2 Die Klasse `Triangle`

Ein Dreieck ist eine geometrische Form (Abb. 20.1). Die Klasse `Triangle` erbt deshalb von der Klasse `GeoShape`. Beschrieben wird ein Dreieck über seine drei Seiten a, b und c. Deshalb besitzt die Klasse `Triangle` drei zusätzliche Attribute:

- `sideA`
- `sideB`
- `sideC`

`Triangle` gibt konkrete Implementierungen der abstrakten Methoden `calcArea()` und `calcPerimeter()` an und überschreibt die Methode `printShape()` mit einer eigenen Implementierung. Zusätzlich definiert `Triangle` eine Methode `isEquilateral()`, die prüft, ob das Dreieck gleichseitig ist. Der Konstruktor von `Triangle` erwartet neben den Attributen `hidden` und `color` die Werte für die Seiten a, b und c.

Listing 20.6 Triangle.h

```
 1  #ifndef  TRIANGLE_H
 2  #define  TRIANGLE_H
 3
 4  #include  "examples.h"
 5  #include  "GeoShape.h"
 6
 7  // definition of the concrete shape Triangle
 8  class Triangle : public GeoShape {
 9      private:
10          // private attributes
11          float sideA;
12          float sideB;
13          float sideC;
14          // private methods
15          // none
16
17      protected:
18          // protected attributes
19          // none
20          // protected methods
21          // none
22
23      public:
24          // public attributes
25          // none
26          // public methods
27          Triangle(bool hidden, string color,
28                  float sideA, float sideB,
```

```
29                    float sideC);
30          bool isEquilateral();
31          virtual float calcArea();
32          virtual float calcPerimeter();
33          virtual void printShape();
34 };
35
36 #endif /* TRIANGLE_H */
```

Zur Berechnung des Flächeninhalts *A* wird der Satz des Heron verwendet (Gl. 20.1). Da
die Klasse `Triangle` eine Methode zur Berechnung des Umfangs anbietet, verwenden
wir diese bei der Berechnung des Flächeninhalts (Code-Wiederverwendung anstelle von
Code-Replikation).

$$A = \sqrt{s \cdot (s - a) \cdot (s - b) \cdot (s - c)} \qquad (20.1)$$

s ist dabei die Hälfte des Umfangs *U*:

$$s = \frac{U}{2} = \frac{a + b + c}{2}$$

Um zu prüfen, ob es sich um ein gleichseitiges Dreieck handelt, vergleichen wir die Seiten
a und *b*, sowie *b* und *c*. Da es sich bei der Gleichheit um eine ***Äquivalenzrelation*** handelt,
ist diese transitiv, d. h. $(a = b) \wedge (b = c) \implies a = c$. Da die Seiten *a*, *b* und *c* als
Gleitkommazahlen gespeichert werden, darf nicht direkt auf Gleichheit geprüft werden.
Das Delta von je zwei Seiten, muss kleiner als eine gegebene Genauigkeit sein, hier 0,0001
(Listing 20.7).

Listing 20.7 Triangle.cpp

```
 1 #include "Triangle.h"
 2 #include "TriangleException.h"
 3
 4 Triangle::Triangle(bool hidden, string color,
 5     float sideA, float sideB, float sideC)
 6     : GeoShape(hidden, color) {
 7     this->sideA = sideA;
 8     this->sideB = sideB;
 9     this->sideC = sideC;
10 }
11
12 // calculate area using Heron's theorem
13 float Triangle::calcArea() {
14     float s = (calcPerimeter() / 2.0);
15     float radicand =
16     s * (s - sideA) * (s - sideB) * (s - sideC);
17
```

```
18      try {
19          if (radicand <= 0)
20              throw triExc;
21      } catch (exception& e) {
22          cerr << e.what() << endl;
23      }
24
25      return sqrt(radicand);
26  }
27
28  float Triangle::calcPerimeter() {
29      return (sideA + sideB + sideC);
30  }
31
32  bool Triangle::isEquilateral() {
33      // A==B AND B==C  => A==B==C
34      return ((fabs(sideA - sideB) < 0.0001) &&
35          (fabs(sideB - sideC) < 0.0001));
36  }
37
38  void Triangle::printShape() {
39      cout << "I am a Triangle object." << endl;
40      cout << (hidden ?
41      "I am hidden." : "I am not hidden.") << endl;
42    cout << "My color is " << color << "." << endl;
43      cout << "Side A = " << sideA << endl;
44      cout << "Side B = " << sideB << endl;
45      cout << "Side C = " << sideC << endl;
46  }
```

In Listing 20.7 binden wir die Headerdatei "TriangleException.h" ein, unter deren
Zuhilfenahme wir eine Ausnahmebehandlung (try and catch-Block) implementieren.
Wir werden in Kap. 22 genauer auf Ausnahmebehandlungen eingehen.

20.3   Statische Attribute

Innerhalb von GeoShape gibt es das Attribut shapeCounter, das als static deklariert
wurde. static bedeutet, dass dieses Attribut *nicht* zu den Objekten, sondern zu der Klasse
selbst gehört. Wie der Name des Attributs andeutet, sollen damit die Exemplare der Klasse
GeoShape gezählt werden, d. h. wie viele GeoShape Objekte gibt es zur Laufzeit des
Programms. Ein „normales" Attribut wäre hier nicht ausreichend, da jede Instanz, also
jedes Objekt, eine eigene Kopie dieses Attributs besäße.

Wo initialisiert man nun das *statische Attribut (Klassenattribut)* shapeCounter? Dies
erfolgt in der Implementierungsdatei von GeoShape mittels

```
int GeoShape::shapeCounter = 0;
```

Diese Anweisung wird nur ein einziges Mal aufgerufen und setzt den Zähler anfangs auf 0. Da der Konstruktor von GeoShape immer dann aufgerufen wird, wenn ein neues Objekt initialisiert werden muss, kann man den Zähler an dieser Stelle inkrementieren. Sobald der Destruktor aufgerufen wird, endet die Lebenszeit eines Objekts. Deshalb kann der Zähler hier wieder dekrementiert werden.

20.4   Verwendung der Klassenhierarchie

Unsere Klassen GeoShape, Rectangle und Triangle wollen wir nun erproben. Dazu erzeugen wir Objekte der verschiedenen Klassen und rufen auf diesen verschiedene Methoden auf. Versuchen wir ein Objekt der Klasse GeoShape zu erzeugen, quittiert dies der Compiler mit einem Übersetzungsfehler, da GeoShape abstrakt ist. Wir können jedoch Objekte von Rectangle und Triangle erzeugen (Listing 20.8).

Listing 20.8 geo_shape_example.cpp

```cpp
 1  #include "examples.h"
 2  #include "GeoShape.h"
 3  #include "Rectangle.h"
 4  #include "Triangle.h"
 5
 6  void geo_shape_example(void) {
 7      cout.setf(ios_base::boolalpha);
 8
 9      // compiler error: GeoShape is abstract
10      // GeoShape shape(true, "yellow");
11
12      Rectangle rect1(false, "red", 2.0, 5.0);
13      rect1.printShape();
14      cout << "Area: " << rect1.calcArea() << endl;
15      cout << "Perimeter: "
16          << rect1.calcPerimeter() << endl;
17      cout << "Is square: "
18          << rect1.isSquare() << endl << endl;
19
20      Rectangle rect2{true, "blue", 4.0, 4.0};
21      rect2.printShape();
22      cout << "Area: " << rect2.calcArea() << endl;
23      cout << "Perimeter: "
24          << rect2.calcPerimeter() << endl;
25      cout << "Is square: "
26          << rect2.isSquare() << endl << endl;
27
```

```
28    Triangle tri1{true, "green", 3.0, 4.0, 5.0};
29    tri1.printShape();
30    cout << "Area: " << tri1.calcArea() << endl;
31    cout << "Perimeter: "
32        << tri1.calcPerimeter() << endl;
33    cout << "Is equilateral: "
34        << tri1.isEquilateral() << endl << endl;
35
36    cout.unsetf(ios_base::boolalpha);
37 }
```

Wie Sie sehen, gibt man – analog zur Deklaration einer einfachen Variablen – den Namen der Klasse gefolgt vom Namen des Objekts an. Um den passenden (allgemeinen) Konstruktor aufzurufen, können Sie entweder runde oder geschweifte Klammern verwenden. Um auf einem Objekt eine Methode aufzurufen, verwendet man den Objektnamen, gefolgt von einem Punkt (.) und dem Methodennamen, z. B. rect2.calcArea().

Die Ausgabe der Funktion lautet:

```
-- Number of shapes: 1 --
I am a Rectangle object.
I am not hidden.
My color is red.
Side A = 2
Side B = 5
Area: 10
Perimeter: 14
Is square: false

-- Number of shapes: 2 --
I am a Rectangle object.
I am hidden.
My color is blue.
Side A = 4
Side B = 4
Area: 16
Perimeter: 16
Is square: true

-- Number of shapes: 3 --
I am a Triangle object.
I am hidden.
My color is green.
Side A = 3
Side B = 4
```

```
Side C = 5
Area: 6
Perimeter: 12
Is equilateral: false

-- Number of shapes: 2 --
-- Number of shapes: 1 --
-- Number of shapes: 0 --
```

Übungen

1. Erweitern Sie die Vererbungshierarchie (Klassendiagramm) GeoShape um die Klassen Ellipse und Circle zur Repräsentation von Ellipsen und Kreisen. Ellipsen und Kreise sind geometrische Formen. Ein Kreis ist eine spezielle Ellipse mit identischen Halbachsen a und b.
2. Implementieren Sie die Header- und Implementierungsdateien der beiden Klassen Ellipse und Circle. Berechnen Sie Flächeninhalt und Umfang sinnvoll.
3. Erweitern Sie das Testprogramm **geo_shape_example.cpp**. Erzeugen Sie Objekte vom Typ Ellipse und Kreis mit unterschiedlichen Merkmalen.

20.5   Polymorphie

Wie bereits erläutert, versteht man unter Polymorphie, dass Objekte, deren Klassen in einer Vererbungsbeziehung zueinander stehen, gleichermaßen verwendet werden können. Der „kleinste, gemeinsame Nenner" solcher Objekte, wird in der gemeinsamen Oberklasse definiert.

Listing 20.9 polymorphism_example.cpp

```cpp
 1 #include "examples.h"
 2 #include "Rectangle.h"
 3 #include "Triangle.h"
 4
 5 void polymorphism_example(void) {
 6
 7     Rectangle rect1{false, "blue", 1.0, 2.0};
 8     Triangle tri1{false, "black", 1.0, 2.0, 3.0};
 9
10 // mixing rectangles and triangles in one array
11     GeoShape* shapes[4];
12     shapes[0] = &rect1;
```

```
13      shapes[1] =
14        new Rectangle{false, "green", 3.0, 3.0};
15      shapes[2] = &tri1;
16      shapes[3] =
17        new Triangle(false, "yellow", 3.0, 4.0, 5.0);
18
19      // uisng methods declared by GeoShape
20      for(int i = 0; i < 4; i++) {
21          shapes[i]->calcArea();
22          shapes[i]->calcPerimeter();
23          shapes[i]->printShape();
24      }
25
26   // using Rectangle and Triangle specific methods
27      cout << "isSquare(): "
28          << ((Rectangle*) shapes[1])->isSquare()
29          << endl;
30      cout << "isEquilateral(): "
31      << ((Triangle*) shapes[3])->isEquilateral()
32      << endl;
33
34      delete shapes[1];
35      delete shapes[3];
36 }
```

Listing 20.9 zeigt, wie Polymorphie praktisch eingesetzt werden kann. Wir möchten ein Feld mit GeoShape Objekten erzeugen. Da GeoShape eine abstrakte Klasse ist, können wir das Feld nur mit Objekten der Unterklassen von GeoShape befüllen (Rectangle und Triangle Objekte, sowie Objekte der Klassen Ellipse und Circle aus der vorherigen Übung). Die Feldelemente sind vom Typ GeoShape*, also Zeiger auf GeoShape Objekte. Da Rechtecke und Dreiecke auch geometrische Formen sind, können wir diese polymorph in unserem Feld speichern.

Der entscheidende Vorteil von Polymorphie kommt aber zum Tragen, wenn wir die Elemente des Arrays verwenden wollen. Die Schleife in Listing 20.9 läuft über alle Feldelemente und ruft jeweils die Methoden calcArea(), calcPerimeter() sowie printShape() auf. Da diese Methoden in GeoShape als virtual definiert wurden, wird nun die überschriebene Methode der jeweiligen abgeleiteten Klasse aufgerufen.

Die Methoden isSquare() und isEquilateral() sind auf den Feldelementen *nicht* direkt aufrufbar – GeoShape „kennt" diese Fähigkeiten nicht. Möchte man auf die speziellen Eigenschaften/Methoden der abgeleiteten Klassen Rectangle und Triangle zugreifen, muss man den jeweiligen Zeiger zunächst mittels (Rectangle*) respektive (Triangle*) umwandeln (expliziter Typecast).

Die Ausgabe lautet:

```
-- Number of shapes: 1 --
-- Number of shapes: 2 --
-- Number of shapes: 3 --
-- Number of shapes: 4 --
I am a Rectangle object.
I am not hidden.
My color is blue.
Side A = 1
Side B = 2
I am a Rectangle object.
I am not hidden.
My color is green.
Side A = 3
Side B = 3
EXCEPTION: Missformed triangle!
I am a Triangle object.
I am not hidden.
My color is black.
Side A = 1
Side B = 2
Side C = 3
I am a Triangle object.
I am not hidden.
My color is yellow.
Side A = 3
Side B = 4
Side C = 5
isSquare(): true
isEquilateral(): false
-- Number of shapes: 3 --
-- Number of shapes: 2 --
-- Number of shapes: 1 --
-- Number of shapes: 0 --
```

Übungen

1. Erweitern Sie das Feld shapes um Objekte vom Typ Circle respektive Ellipse. Zeigen Sie durch Aufruf von calcArea(), calcPerimeter() und printShape() die Polymorphie.

2. Machen Sie nun aus der abstrakten Klasse `GeoShape` eine „normale" Klasse und entfernen Sie das Schlüsselwort `virtual` an deren Methoden. Was passiert nun, wenn Sie die Methoden `calcArea()`, `calcPerimeter()` und `printShape()` aufrufen?

3. Überlegen Sie sich eine weitere Vererbungshierarchie in der Polymorphie sinnvoll eingesetzt werden kann und implementieren Sie ein Beispielprogramm.

Übung 21.0

Gegeben sei folgende Beschreibung der „Realität":

In einem geheimen Dorf hinter den 7 Bergen leben die Glibschis. Ein Glibschi ist ein kleines Monster, das besonders schleimig ist. Es gibt in dem Dorf sehr viele Glibschis, die sich alle voneinander unterscheiden. Jedes Glibschi hat einen Namen, eine individuelle Farbe und einen Lieblingsausspruch, den es permanent wiederholt. Ferner hat jedes Glibschi die Fähigkeit zu essen, zu schlafen und zu spielen. Jedes Glibschi kann unterschiedlich viel essen, bevor es satt ist. Außerdem benötigen die Glibschis unterschiedlich viel Schlaf, bevor sie ausgeschlafen sind. Beim Spielen sind aber alle Glibschis gleich – sie müssen mindestens 8 h am Tag spielen, sonst werden sie unzufrieden.

Im Dorf leben genau 10 Glibschis. Jeder Glibschi geht einem individuellen Beruf nach. Ein Glibschi hat eine spezielle Aufgabe – es ist der Bürgermeister des Dorfes. Das Bürgermeister-Glibschi kann als einziges Entscheidungen treffen.

Bearbeiten Sie folgende Fragestellungen, zunächst mit Stift und Papier, dann am Rechner. Wo nötig machen Sie bitte selbst plausible Annahmen.

1. Identifizieren Sie alle Klassen und Objekte in obiger Beschreibung.
2. Bestimmen Sie die Attribute und Methoden, der von Ihnen gefundenen Klassen bzw. Objekte und implementieren Sie entsprechende Header-Dateien.
3. Implementieren Sie die gefundenen Klassen. Verwenden Sie sinnvolle Sichtbarkeiten für Attribute und Methoden. Implementieren Sie die Methoden soweit im Text beschrieben sinnvoll aus. Verwenden Sie geeignete Konstruktoren.
4. Überlegen Sie sich eine Möglichkeit, wie Sie das Dorf der Glibschis „mit Leben füllen". Um das Dorfleben etwas „zufälliger" zu gestalten, können Sie auf Zufallszahlen zurückgreifen. Verwenden Sie dazu die Funktion `int rand (void)`. Eine Dokumentation finden Sie hier: http://www.cplusplus.com/reference/cstdlib/rand/

© Der/die Autor(en), exklusiv lizenziert an Springer Fachmedien Wiesbaden GmbH, ein Teil von Springer Nature 2022
M. A. Mathes und J. Seufert, *Programmieren in C++ für Elektrotechniker und Mechatroniker*, https://doi.org/10.1007/978-3-658-38501-9_21

Übung 21.1

Implementieren Sie in C++ einen assoziativen Datenspeicher, der einem Schlüssel einen Wert zuordnen kann. Implementieren Sie dazu eine Klasse `Dictionary`, welche 3 Methoden anbietet:

- `bool Dictionary::addEntry(string key, string value)`
- `string Dictionary::retrieveEntry(string key)`
- `void Dictionary::print()`

`addEntry()` fügt ein neues Schlüssel-Wert-Paar in den Assoziativspeicher ein. Sollte der Schlüssel bereits existiert, wird dessen Wert aktualisiert. Ist der Assoziativspeicher voll, wird eine entsprechende Meldung ausgegeben. `retrieveEntry()` dient zum Nachschlagen eines Schlüssel-Wert-Paares anhand des Schlüssels. `print()` gibt den aktuellen Inhalt des Assoziativspeichers auf Konsole aus.

Das `Dictionary` verwendet intern einen `vector` zur Verwaltung von Einträgen. Beim Erzeugen des `Dictionary` Objekts muss die maximale Anzahl an Einträgen festgelegt werden.

Einträge werden durch Objekte der Klasse `Entry` repräsentiert. `Entry` ist lediglich eine Wrapper-Klasse, die Schlüssel und Wert (beide Strings) kapselt.

Entwickeln Sie die Klasse `Dictionary` (Header und Implementierung) sowie die Klasse `Entry` (Header und Implementierung).

22.1 Auslösen und Fangen

Eine *Ausnahme (engl. exception)* ist ein objektorientierter Ansatz, um auf Ausnahmesituationen und Sonderfälle – wie beispielsweise Fehleingaben des Benutzers – zu reagieren. Beim Auftreten einer Ausnahmesituation wird mittels throw eine Ausnahme ausgelöst. Diese Ausnahme wird durch einen try-catch Block gefangen und an einen *Exception Handler* weitergereicht. Der Exception Handler definiert, wie mit der Ausnahme umgegangen werden soll. Durch das Auslösen und Fangen einer Exception wird der reguläre Ausführungsfaden unterbrochen und hinter dem try-catch Block fortgesetzt.

Sicher haben Sie schon festgestellt, dass mit unserer Implementierung eines Dreiecks auch Dreiecke mit $A \leq 0$ erzeugt werden können. Um diese Ausnahmesituation zu erkennen, verwendet Listing 22.1 eine Exception. Sollte der radicand kleiner oder gleich null sein, wird mittels throw eine TriangleException geworfen (siehe Abschn. 22.2).

Listing 22.1 Triangle.cpp

```
1  float Triangle::calcArea() {
2      float s = (calcPerimeter() / 2.0);
3      float radicand =
4      s * (s - sideA) * (s - sideB) * (s - sideC);
5
6      try {
7          if (radicand <= 0)
8              throw triExc;
9      } catch (exception& e) {
10         cerr << e.what() << endl;
11     }
12
```

© Der/die Autor(en), exklusiv lizenziert an Springer Fachmedien Wiesbaden GmbH, ein Teil von Springer Nature 2022
M. A. Mathes und J. Seufert, *Programmieren in C++ für Elektrotechniker und Mechatroniker*, https://doi.org/10.1007/978-3-658-38501-9_22

```
13     return sqrt(radicand);
14 }
```

Um auf die Ausnahmesituation zu reagieren, umschließen wir die `if` Anweisung mit einem `try-catch` Block. `catch` erwartet in runden Klammern den Typ und einen Bezeichner für die Exception. Der Datentyp ist wichtig, da anhand dessen der passende Handler ausgewählt wird.

Es ist auch möglich einen *Default Handler* mit Auslassungspunkten (. . .) anzugeben:

```
catch (...) { cout << "default exception"; }
```

Dieser Default Handler reagiert, falls die Exception nicht bereits durch einen spezialisierten Handler gefangen und bearbeitet wurde.

22.2   Definition eigener Ausnahmen

Die C++ Klassenbibliothek bietet `std::exception` als Basisklasse für programmspezifische Exceptions. Möchte man eine eigene Exception definieren, implementiert man eine Klasse, die von `std::exception` erbt und die Methode

```
virtual const char* what() const throw()
```

überschreibt. Diese Methode gibt bei Aufruf eine nullterminierte Zeichenkette zurück, welche die Ausnahme textuell beschreibt.

Listing 22.2 TriangleException.h

```
1 #ifndef TRIANGLEEXCEPTION_H
2 #define TRIANGLEEXCEPTION_H
3
4 #include <exception>
5
6 class TriangleException : public exception {
7
8   virtual const char* what() const throw()
9   {
10    return "EXCEPTION: Missformed triangle!";
11   }
12 } triExc;
13
14 #endif /* TRIANGLEEXCEPTION_H */
```

In Listing 22.2 definieren wir eine Klasse `TriangleException`, die immer dann ausgelöst werden soll, falls das Dreieck nicht wohlgeformt ist. Wir legen auch gleich ein Objekt dieser Klasse namens `triExc` an. Innerhalb der Methode `calcArea()` prüfen wir den `radicand` und werfen ggf. `triExc`. Innerhalb des Handlers reagieren wir mittels `exception&` auf alle Objekte vom Typ `exception` und deren Unterklassen. Die gefangene `triExc` befragen wir dann mittels der Methode `what()` was passiert ist.

22.3 Standardausnahmen der C++ Klassenbibliothek

Neben der Standardausnahme `std::exception` gibt es in C++ noch eine Reihe von abgeleiteten Ausnahmen, unter anderen:

- `std::bad_alloc` signalisiert, dass kein zusätzlicher Speicher mittels new allokiert werden konnte.
- `std::bad_cast` signalisiert, dass ein dynamischer Typecast fehlgeschlagen ist.
- `std::ios_base::failure` wird bei Ein-/Ausgabefehlern ausgelöst.

Zwei besondere Ausnahmeklassen sind `std::logic_error` und `std::runtime_error`. Ein `std::logic_error` signalisiert einen internen Logikfehler des Programms, wie beispielsweise die Verletzung einer Vorbedingung oder Invarianten. Sie ist schon zum Übersetzungszeitpunkt ermittelbar *(compile-time exception)*. `std::runtime_error` steht hingegen für Ausnahmesituationen, die erst zur Laufzeit Ihres Programms auftreten können *(run-time exception)*.

Übungen

1. Was passiert, wenn Sie eine Ausnahme *nicht* durch einen `try-catch` Block fangen? Probieren Sie es aus!
2. Schreiben Sie ein C++ Programm, welches vom Benutzer dessen Alter einliest. Falls der Benutzer nicht volljährig ist, soll eine `NonAdultException` geworfen werden.

Überladen von Operatoren

23

Eine Klasse ist ein selbstdefinierter, komplexer Datentyp. Beispielsweise können wir eine eigene Klasse `CartesianVector` definieren, die einen dreidimensionalen Vektor $\vec{v} = (x, y, z)^T$ repräsentieren soll. Man kann nun mehrere solcher Vektorobjekte erzeugen und verschiedene Rechenoperationen durchführen:

- Addition
- Subtraktion
- Multiplikation mit einem Skalar
- Skalarprodukt
- Kreuzprodukt
- …

Um für unsere Klasse `CartesianVector` zu definieren, wie diese Operationen auszuführen sind, erlaubt C++ das **_Überladen (engl. overloading)_** der oben genannten Operatoren. Dazu verwendet man sogenannte Operatorfunktionen der folgenden Syntax:

```
<return_type> operator<sign> ( <parameters> ) { /*... body ...*/ }
```

Jede Operatorfunktion hat den Namen `operator` gefolgt von dem Operatorzeichen, welches überladen werden soll (z. B. `operator-`). Tab. 23.1 gibt eine Übersicht der Operatoren, die in C++ überladen werden können.

23.1 Die Klasse `CartesianVector`

Die Klasse `CartesianVector` (Listing 23.1) besitzt drei (private) Attribute x, y, z, welche die Komponenten des Vektors repräsentieren. Ferner besitzt sie drei Konstruktoren:

M. A. Mathes und J. Seufert, *Programmieren in C++ für Elektrotechniker und Mechatroniker*, https://doi.org/10.1007/978-3-658-38501-9_23

Tab. 23.1 Überladbare Operatoren

+	-	*	/	%	^	&	|
	!	=	<	>	+=	-=	*=
/=	%=	^=	&=	|=	<<	>>	<<=
>>=	==	!=	<=	>=	<=>	&&	||
++	--	,	->*	->	( )	[ ]	co_wait

- um einen Nullvektor zu erzeugen – ***Standardkonstruktor (engl. default constructor)***
- um einen beliebigen Vektor zu erzeugen – ***allgemeiner Konstruktor (engl. common constructor)***
- um einen gegebenen Vektor komponentenweise zu kopieren – ***Kopierkonstruktor (engl. copy constructor)***

Der Standardkonstruktor initialisiert die Komponenten des Vektors mit null, d. h. der neue Vektor ist also der Nullvektor (neutrales Element der Vektoraddition). Der allgemeine Konstruktor erwartet drei int Werte und initialisiert x, y und z dementsprechend. Der Kopierkonstruktor erhält einen bereits existierenden Vektor per Referenz und kopiert dessen x, y und z Wert in den neuen Vektor.

Wir wollen nun die Operatoren +, *, += und *= überladen. Dazu definieren wir für die Operatoren jeweils eine Operatorfunktion. Weil die, als Parameter übergebenen, Vektorobjekte nicht manipuliert werden sollen, wird die Referenz als const übergeben. Die Methode print() liefert eine textuelle Beschreibung des Vektors zurück. Die Klassendefinition von CartesianVector ist in Listing 23.1 gezeigt.

Listing 23.1 CartesianVector.h

```
 1  #ifndef CARTESIANVECTOR_H
 2  #define CARTESIANVECTOR_H
 3
 4  class CartesianVector {
 5    private:
 6      int x;
 7      int y;
 8      int z;
 9
10    public:
11      // constructors
12      // default
13      CartesianVector();
14      // common
```

```
15    CartesianVector(int x, int y, int z);
16    // copy
17    CartesianVector(const CartesianVector& orig);
18
19    // destructor
20    virtual  CartesianVector() {
21    };
22
23    // overloaded operators
24    CartesianVector operator+(const CartesianVector&);
25    CartesianVector operator*(const CartesianVector&);
26    void operator+=(const CartesianVector&);
27    void operator*=(const CartesianVector&);
28
29    void print();
30 };
31 #endif /* CARTESIANVECTOR_H */
```

23.2 Überladen der Addition und Multiplikation

Die Addition zweier Vektoren ist wie folgt definiert:

$$\begin{pmatrix} x_1 \\ y_1 \\ z_1 \end{pmatrix} + \begin{pmatrix} x_2 \\ y_2 \\ z_2 \end{pmatrix} = \begin{pmatrix} x_1 + x_2 \\ y_1 + y_2 \\ z_1 + z_2 \end{pmatrix} \tag{23.1}$$

Zwei Vektoren werden addiert, indem ihre jeweiligen Komponenten addiert werden. Diese Addition definieren wir durch die Operatorfunktion operator+. Diese erhält als Parameter ein Vektorobjekt (per Referenz). Dessen Komponenten und die Komponenten des aktuellen Objekts (this) werden addiert und einem temporären Vektorobjekt zugewiesen. Dieses dient als Rückgabewert der Addition.

Die Multiplikation (Kreuzprodukt) zweier Vektoren ist wie folgt definiert:

$$\begin{pmatrix} x_1 \\ y_1 \\ z_1 \end{pmatrix} \times \begin{pmatrix} x_2 \\ y_2 \\ z_2 \end{pmatrix} = \begin{pmatrix} y_1 z_2 - z_1 y_2 \\ z_1 x_2 - x_1 z_2 \\ x_1 y_2 - y_1 x_2 \end{pmatrix} \tag{23.2}$$

Das Kreuzprodukt definieren wir durch die Operatorfunktion operator*. Diese Operatorfunktion arbeitet analog zu operator+.

Listing 23.2 Überladen von Addition und Multiplikation

```
 1  CartesianVector CartesianVector::
 2      operator+(const CartesianVector& summand) {
 3      CartesianVector temp;
 4
 5      temp.x = this->x + summand.x;
 6      temp.y = this->y + summand.y;
 7      temp.z = this->z + summand.z;
 8
 9      return temp;
10  }
11
12  CartesianVector CartesianVector::
13      operator*(const CartesianVector& factor) {
14      CartesianVector temp;
15
16      temp.x =
17          (this->y * factor.z) - (this->z * factor.y);
18      temp.y =
19          (this->z * factor.x) - (this->x * factor.z);
20      temp.z =
21          (this->x * factor.y) - (this->y * factor.x);
22
23      return temp;
24  }
```

Verständnisfrage: Warum kann auf die x-, y- und z-Komponente des `temp` Objekts zugegriffen werden, obwohl diese als privat deklariert sind?

23.3 Überladen der Summen- und Produktzuweisung

Die beiden Zuweisungsoperatoren += und *= geben nichts zurück (`void`). Der Grund dafür ist, dass sie den internen Zustand des Vektorobjekts ändern, auf dem sie aufgerufen werden. Dies entspricht der ursprünglichen Semantik dieser beiden Operatoren. Eine Operatorfunktion ist letztendlich eine „normale" C++ Funktion. Sie kann deshalb beliebige Funktionalität implementieren. Beim Überladen der Operatoren ist deshalb darauf zu achten, dass die Semantik des Operators weitgehend erhalten bleibt. Überschreibt man beispielsweise den Operator Minus, sollte die eigene Implementierung keine Addition ausführen.

Listing 23.3 Überladen von Summen- und Produktzuweisung

```
 1  void CartesianVector::
 2      operator+=(const CartesianVector& summand) {
 3      this->x += summand.x;
 4      this->y += summand.y;
 5      this->z += summand.z;
 6  }
 7
 8  void CartesianVector::
 9      operator*=(const CartesianVector& factor) {
10      CartesianVector temp;
11
12      temp.x =
13          (this->y * factor.z) - (this->z * factor.y);
14      temp.y =
15          (this->z * factor.x) - (this->x * factor.z);
16      temp.z =
17          (this->x * factor.y) - (this->y * factor.x);
18
19      this->x = temp.x;
20      this->y = temp.y;
21      this->z = temp.z;
22  }
```

Verständnisfrage: Warum wird in operator*= ein temporäres Vektorobjekt verwendet? Könnte man die x-, y- und z-Komponente nicht direkt überschreiben?

23.4 Rechnen mit Vektorobjekten

Das Listing 23.4 erprobt unsere Klasse CartesianVector und deren Operatoren. Dazu werden zunächst zwei Vektoren a und b erzeugt. Für Vektor a wird der Standardkonstruktor verwendet, Vektor b wird mit $x = 1$, $y = 2$ und $z = 3$ initialisiert. Anschließend erzeugen wir einen Vektor c und weisen diesem die Summe von a und b zu.

$$c = a + b; \vdash c = a.operator+(b);$$

Danach überschreiben wir c mit dem Kreuzprodukt von b und einem (unbenannten) Vektor $(1, 1, 1)^T$.

$$c = b * CartesianVector\{1, 1, 1\}; \vdash$$
$$c = b.operator*(CartesianVector\{1, 1, 1\});$$

Nun erzeugen wir einen vierten Vektor $\vec{d} = (2, 2, 2)^T$ und weisen c die Summe von c und d zu. Zu guter Letzt weisen wir c das Kreuzprodukt von c und einem (unbenannten) Vektor $(1, 1, 1)^T$ zu.

Listing 23.4 operator_example.cpp

```cpp
 1  #include "examples.h"
 2  #include "CartesianVector.h"
 3
 4  void operator_example(void) {
 5      CartesianVector a;
 6      CartesianVector b{1, 2, 3};
 7      cout << "a=";
 8      a.print();
 9      cout << "b=";
10      b.print();
11
12      CartesianVector c;
13      c = a + b;
14      cout << "c=";
15      c.print();
16
17      c = b * CartesianVector{1, 1, 1};
18      cout << "c=";
19      c.print();
20
21      CartesianVector d{2, 2, 2};
22      c.operator+=(d);
23      cout << "c=";
24      c.print();
25
26      c*=CartesianVector{1, 1, 1};
27      cout << "c=";
28      c.print();
29  }
```

Die Ausgabe lautet:

```
a=(0,0,0)
b=(1,2,3)
c=(1,2,3)
```

```
c=(-1,2,-1)
c=(1,4,1)
c=(3,0,-3)
```

Übungen

1. Überlegen Sie sich, wie Sie die Implementierung von
   - `operator+`
   - `operator*`
   - `operator+=`
   - `operator*=`

   verbessern können. Die Funktionalität von `operator+` soll in `operator+=` und die Funktionalität von `operator*` in `operator*=` wiederverwendet werden.

2. Überladen Sie einen Operator Ihrer Wahl, um das Skalarprodukt von zwei Vektoren zu berechnen:

$$\begin{pmatrix} x_1 \\ y_1 \\ z_1 \end{pmatrix} * \begin{pmatrix} x_2 \\ y_2 \\ z_2 \end{pmatrix} = x_1 x_2 + y_1 y_2 + z_1 z_2$$

3. Überladen Sie einen Operator Ihrer Wahl, um den Betrag eines Vektors zu berechnen:

$$|\vec{v}| = \sqrt{x^2 + y^2 + z^2}$$

24

In C++ ist es möglich generische Klassen zu definieren, d.h. Klassen, die mit einem *beliebigen Datentyp* arbeiten können und nicht auf einen speziellen Datentyp festgelegt sind. Als ein Beispiel für generische Klassen wollen wir nun einen ***Stapel (engl. stack)*** betrachten.

Ein Stapel ist eine Datenstruktur, welche die enthaltenen Elemente nach dem Last-In-First-Out (LIFO) Prinzip organisiert. Das Element, was als letztes auf den Stapel gelegt wurde, wird auch als erstes wieder entfernt. Das Legen eines Elements auf den Stapel wird durch die Methode push() realisiert, das Entfernen des obersten Elements vom Stapel mit pop().

Abb. 24.1 zeigt, wie sich ein Stapel für Ganzzahlen sukzessive aufbaut. Zunächst werden die Ganzzahlen 1, 2 und 3 mittels push() auf den Stapel gelegt. Dadurch befindet sich 3 ganz oben auf dem Stapel und 1 ganz unten im Stapel.

Durch dreimaliges Aufrufen von pop() werden die Ganzzahlen in der Reihenfolge 3, 2, 1 wieder entfernt. Der Stapel ist zum Schluss wieder leer (Abb. 24.2).

Um den Stapel nun für beliebige Datentypen verwendbar zu machen, implementieren wir selbigen mithilfe einer generischen Klasse, auch ***Template-Klasse*** genannt.

 Da man nicht wissen kann, wie viele Elemente zur Laufzeit auf den Stapel gelegt werden, implementiert man Stapel oftmals als dynamische Datenstruktur unter Verwendung von Zeigern.

24.1 Eine Template-Klasse für Stapel

Listing 24.1 zeigt den Inhalt der Datei **Stack.h**, welche die Definition *und* Implementierung einer generischen Stapelklasse enthält. Hier sind also die Definition der Schnittstelle und die Implementierung in einer Datei hinterlegt.

© Der/die Autor(en), exklusiv lizenziert an Springer Fachmedien Wiesbaden GmbH, ein Teil von Springer Nature 2022
M. A. Mathes und J. Seufert, *Programmieren in C++ für Elektrotechniker und Mechatroniker*, https://doi.org/10.1007/978-3-658-38501-9_24

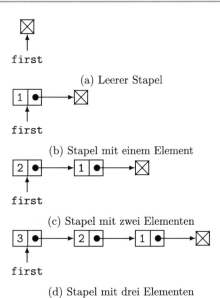

Abb. 24.1 Speichern auf dem Stapel mittels push()

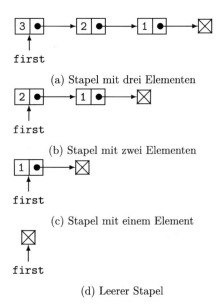

Abb. 24.2 Löschen vom Stapel mittels pop()

Listing 24.1 Stack.h

```
 1 #ifndef STACK_H
 2 #define STACK_H
 3
 4 #include "examples.h"
 5
 6 template<class T>class Stack {
 7
 8     struct stackElement {
 9         T data;
10         stackElement* next;
11     };
12
13     // top of stack
14     stackElement *first;
15
16   public:
17     Stack(); // default constructor
18     int push(T); // add element
19     int pop(T&); // remove element
20
21 }; // end of class declaration
22
23
24 // default constructor --> empty stack
25 template<class T> Stack<T>::Stack() {
26     first = NULL;
27 }
28
29 template<class T> int Stack<T>::push(T data) {
30     // allocate new stack element
31     stackElement *temp = new stackElement;
32     if (!temp) {
33         return 0;
34     }
35
36     temp->data = data; // store data
37     // add new element before first
38     temp->next = first;
39     first = temp;
40     return 1;
```

```
41 }
42
43 template<class T> int Stack<T>::pop(T& data) {
44     // empty stack?
45     if (!first) {
46         return 0;
47     }
48
49     // retrieve data from first element
50     data = first->data;
51     // remove the first element
52     stackElement *temp = first;
53     first = temp->next;
54     delete temp;
55     return 1;
56 }
57
58 #endif /* STACK_H */
```

Um einen generischen Stapel zu implementieren, verwendet man die Anweisung

```
template<class T>class Stack
```

Das T steht für einen generischen (beliebigen) Datentypen, der innerhalb der Stapelklasse überall dort verwendet werden kann, wo auch ein konkreter Datentyp zulässig ist (z. B. Parameter und Rückgabetyp von Methoden).

Die Elemente des Stapels bestehen aus zwei Komponenten: dem eigentlichen Datum und einem Zeiger auf das nächste Element. Deshalb werden die Elemente als Struktur stackElement implementiert. Das Datum ist beliebig und deshalb vom generischen Datentyp T. Der Zeiger next zeigt auf das nächste stackElement.

Als Attribut besitzt der Stack nur den Zeiger auf das oberste Element first. Da keine Zugriffsrechte definiert sind, ist dieser Zeiger per default privat.

Als öffentliche Methoden bietet der Stack, neben einem Standardkonstruktor, push() zum Speichern und pop() zum Entnehmen von Elementen. Beide Methoden geben bei Erfolg eine 1 und bei Misserfolg eine 0 zurück. Die Methode pop() gibt das oberste Element mittels call-by-reference (Abschn. 15.2) zurück.

24.2   Verwendung des generischen Stapels

Wir wollen nun den generischen Stapel zur Speicherung von Ganzzahlen (`int`) und Zeichen
(`char`) verwenden. Dazu erzeugen wir mittels `Stack<int>` einen konkreten Stapel für
Ganzzahlen und mittels `Stack<char>` einen konkreten Stapel für Zeichen. Ein typisierter
Stack speichert Elemente genau eines Datentyps. In einer Schleife legen wir nun die Zahlen
von 65 bis 74 auf den Ganzzahlenstapel und deren Zeichenäquivalente (A–J) auf den Zei-
chenstapel. Anschließend geben wir die Inhalte der beiden Stapel getrennt voneinander aus.
Da ein Stapel LIFO organisiert ist, führt das Speichern und Entfernen zu einer Umkehrung
der Elementreihenfolge.

Listing 24.2 stack_template.cpp

```cpp
 1 void stack_template(void) {
 2     Stack<int> int_stack;
 3     Stack<char> char_stack;
 4
 5     // push 10 int elements and their char
 6     // representations to stack
 7     for (int i = 0x41; i < 0x4B; i++) {
 8         int_stack.push(i);
 9         char_stack.push((char) i);
10     }
11
12     int i;
13     // pop all int elements from stack
14     while (int_stack.pop(i)) {
15         cout << i << " ";
16     }
17     cout << endl;
18
19     char c;
20     // pop all char elements from stack
21     while (char_stack.pop(c)) {
22         cout << c << " ";
23     }
24     cout << endl;
25 }
```

Die Ausgabe lautet:

```
74 73 72 71 70 69 68 67 66 65
J I H G F E D C B A
```

Übungen

1. Erweitern Sie die Klasse `Stack` um eine Methode `print()`, welche den aktuellen Inhalt des Stapels ausgibt. Die Methode soll automatisch nach dem Einfügen und nach dem Entfernen eines Elements aufgerufen werden.
2. Ergänzen Sie ferner eine Methode `int search(T)`, welche den Stack nach dem ersten Vorkommen des Elements `T` durchsucht und diese Position zurückgibt.
3. Implementieren Sie einen neuen Stapel `ArrayStack`, welcher als interne Datenstruktur ein Array verwendet und eine begrenzte Kapazität `ELEMENT_MAX` besitzt.

Die Ein- und Ausgabe von Daten in C++ basiert auf dem Konzept der ***Ein- und Ausgabeströme (engl. I/O streams)***. Ein Eingabestrom ist eine abstrakte Quelle zum Lesen von Daten – ein Ausgabestrom eine abstrakte Quelle zum Schreiben von Daten. Dabei spielt es keine Rolle, welcher Art der Ein- bzw. Ausgabestrom ist. Durch die Verwendung der Klassenhierarchie in Abb. 25.1 lassen sich Dateien, Speicher, Netzwerkverbindungen etc. einheitlich verwenden.

Die Klasse `std::ios_base` ist die Basisklasse für alle Stream-basierten Ein- und Ausgabeklassen und definiert u. a. die bereits bekannten Methoden `setf()` und `unsetf()`,

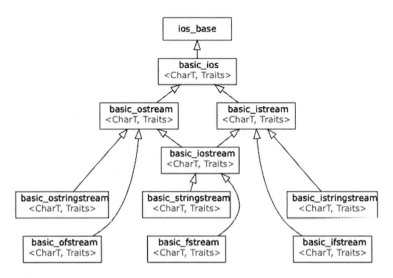

Abb. 25.1 Übersicht C++ Ein-/Ausgabeströme [7]

M. A. Mathes und J. Seufert, *Programmieren in C++ für Elektrotechniker und Mechatroniker*, https://doi.org/10.1007/978-3-658-38501-9_25

um Formatierungskennzeichen zu setzen bzw. zu löschen. Auch die Methode
`precision()`, um die Ausgabegenauigkeit festzulegen, wird hier definiert.

Die Klasse `std::basic_ostream` bietet Methoden zur formatierten und unformatierten Ausgabe von Zeichen. Die global verfügbaren Objekte `cout` und `cerr` sind Instanzen dieser Klasse. In dieser Klasse wird auch der Operator << überladen, um Zeichen
ausgeben zu können.

Die Klasse `std::basic_istream` bietet Methoden zum Einlesen von formatierten und unformatierten Zeichen. Das global verfügbare Objekt `cin` ist eine Instanz dieser
Klasse. Die Klasse bietet u. a. die Methode `getline()`, um zeilenweise Zeichen einzulesen. Auch der Operator >> wird hier überladen, um Zeichen einlesen zu können.

Mit Hilfe der Klassen `std::basic_ifstream` bzw. `std::basic_ofstream`
können Dateien gelesen bzw. geschrieben werden. Bei beiden Klassen handelt es sich um
Template-Klassen. C++ bietet im Standard die Spezialisierung für den Datentyp `char`
bereits an: `ifstream` und `ofstream`.

25.1 Textdateien schreiben

Zum Schreiben einer Textdatei wird in Listing 25.1 die Klasse `ofstream` verwendet.
Zunächst wird vom Benutzer die zu schreibende Datei abgefragt (hier **out.txt**). Anschließend kann mittels der Methode `is_open()` geprüft werden, ob der schreibende Zugriff
auf die Datei durch das Betriebssystem gewährt wurde. Nun beginnen wir in einer Schleife
so lange Zeilen von der Konsole zu lesen und in die Datei zu schreiben, bis der Benutzer
den String `"EOF"` eingibt. EOF steht für „end of file" und signalisiert, dass der Benutzer
nichts mehr eingeben möchte. Nach dem Verlassen der Schleife wird das `ofstream`Objekt
mittels `close()` wieder geschlossen.

Listing 25.1 file_output.cpp

```
 1  void file_output(void) {
 2
 3      string line;
 4      string filename;
 5
 6      cout << "Please enter filename: ";
 7      cin >> filename;
 8      cin.ignore(numeric_limits<streamsize>::max(),
 9          '\n'); // skip remaining newline
10
11      ofstream output_file(filename);
12      if (output_file.is_open()) {
13          while (true) {
14              cout << "> ";
15              getline(cin, line);
```

```
16            if (line.compare("EOF") == 0) {
17                break;
18            }
19            output_file << line << endl;
20        }
21        output_file.close();
22    } else {
23        cout << filename << " not found." << endl;
24    }
25 }
```

Listing 25.1 enthält die Anweisung

```
cin.ignore(numeric_limits<streamsize>::max(), '\n');
```

Diese Anweisung ist immer dann sinnvoll, wenn zwischen einem delimeterbasierten Einlesen mittels cin auf ein zeilenbasiertes Einlesen mittels getline() gewechselt wird. cin lässt nämlich die Delimeterzeichen, wie z.B. das Leerzeichen oder den Zeilenumbruch, im Ausgabestrom stehen. Dies führt bei einem anschließenden getline() dazu, dass fälschlicherweise sofort eine Zeile erkannt wird.

Die Ausgabe sieht wie folgt aus:

```
Please enter filename: out.txt
> Hello
> file!
> EOF
```

25.2 Textdateien lesen

Listing 25.2 zeigt, wie aus einer Textdatei zeilenweise gelesen werden kann.

Listing 25.2 file_input.cpp

```
1 void file_input(void) {
2
3    string line;
4    string filename;
5
6    cout << "Please enter filename: ";
7    cin >> filename;
8    cin.ignore(numeric_limits<streamsize>::max(),
9        '\n'); // skip remaining newline
10
11    ifstream input_file(filename);
```

```
12     if (input_file.is_open()) {
13         while (getline(input_file, line)) {
14             cout << line << endl;
15         }
16         input_file.close();
17     } else {
18         cout << filename << " not found." << endl;
19     }
20 }
```

Zunächst wird vom Benutzer der Dateiname der zu lesenden Datei abgefragt. Hierbei handelt es sich um einen *relativen Pfad,* der im aktuellen Programmverzeichnis beginnt. Dieser Dateiname wird verwendet, um ein neues ifstream Objekt zu erzeugen, welches direkt mit der angegebenen Datei verknüpft wird.

Um sicherzustellen, dass die Datei erfolgreich geöffnet wurde, kann is_open() verwendet werden. Das eigentliche Lesen der Datei wird mittels getline() realisiert. getline() liefert false zurück, sobald keine Zeile mehr aus der Datei gelesen werden kann, d. h. das Ende der Datei erreicht wurde.

Nach dem Lesen der Datei muss diese wieder freigegeben werden. Dazu ruft man auf dem ifstream Objekt die Methode close() auf. Die Ausgabe lautet:

```
Please enter filename: out.txt
Hello
file!
```

25.3 Größe einer Datei ermitteln

Jedes I/O-Stream Objekt besitzt Attribute zur Speicherung der aktuellen Lese- respektive Schreibposition. Bei einem ifstream Objekt handelt es sich um die nächste Position zum Lesen der Datei – genannt *get position.* Ein ofstream Objekt hat hingegen ein Attribut zur Speicherung der nächsten Schreibposition – genannt *put position.* Zum Lesen und Ändern dieser Attribute existieren die folgenden Methoden:

- tellg() liefert die aktuelle get position in Form eines streampos.
- tellp() liefert die aktuelle put position in Form eines streampos.
- seekg(offset, direction) ändert die get position beginnend von direction um den gegebenen offset.
- seekp(offset, direction) ändert die put position beginnend von direction um den gegebenen offset.

Der Rückgabetyp `streampos` kann wie ein ganzzahliger Datentyp verwendet werden. Als `direction` können verwendet werden:

- `ios::beg` – Der `offset` ist relativ zum Beginn des I/O-Stream Objekts.
- `ios::cur` – Der `offset` ist relativ zur aktuellen Lese-/Schreibposition.
- `ios::end` – Der `offset` ist relativ zum Ende des I/O-Stream Objekts.

Listing 25.3 zeigt, wie `tellg()` und `seekg()` verwendet werden können, um die Größe einer Datei in Byte zu ermitteln.

Listing 25.3 file_size.cpp

```
 1  void file_size(void) {
 2      streampos begin, end;
 3      string filename;
 4
 5      cout << "Please enter filename: ";
 6      cin >> filename;
 7      cin.ignore(numeric_limits<streamsize>::max(),
 8          '\n'); // skip remaining newline
 9
10      ifstream file(filename, ios::binary);
11      begin = file.tellg();
12      file.seekg(0, ios::end);
13      end = file.tellg();
14      file.close();
15
16      cout << "Size (bytes): "
17          << (end - begin) << endl;
18  }
```

Die Ausgabe lautet:
```
Please enter filename: out.txt
Size (bytes): 12
```

25.4   Kopieren einer Datei

Listing 25.4 zeigt eine Funktion zum Kopieren einer beliebigen Datei. Dazu benötigen wir ein `ifstream` Objekt zum Lesen der Quelldatei und ein `ofstream` Objekt zum Schreiben der Zieldatei. Da beide Dateien Byte für Byte kopiert und *nicht* interpretiert werden sollen, werden die Dateien im Binärmodus geöffnet. Dies wird beim Aufruf der `open()` Methode durch das Flag `ios::binary` angezeigt. Falls beide Dateien erfolgreich geöffnet werden konnten, wird in einer `while` Schleife die Quelldatei mittels `get()` und `put()` Byte für Byte in die Zieldatei kopiert. Die while Schleife terminiert, sobald das Steuerzeichen EOF erreicht wurde. Nach Ausgabe einer Statusmeldung, wie viele Bytes erfolgreich kopiert wurden, werden beide Dateien wieder geschlossen.

Listing 25.4 file_copy.cpp

```
1  void file_copy(void) {
2
3      string source_name;
4      ifstream source;
5      string destination_name;
6      ofstream destination;
7
8      cout << "Please enter source filename: ";
9      cin >> source_name;
10     cin.ignore(numeric_limits<streamsize>::max(),
11         '\n'); // skip remaining newline
12     cout << "Please enter destination filename: ";
13     cin >> destination_name;
14     cin.ignore(numeric_limits<streamsize>::max(),
15         '\n'); // skip remaining newline
16
17     source.open(source_name, ios::binary);
18     destination.open(destination_name, ios::
19     binary);
20
21     if (source.is_open() && destination.is_open())
22     {
23
24         char c;
25         int bytes = 0;
26         while ((c = source.get()) != EOF) {
27             destination.put(c);
28             bytes++;
29         }
30
31         cout << "Copied " << bytes <<
32         " bytes from "
33             << source_name << " to "
34             << destination_name << endl;
35
36         source.close();
37         destination.close();
38     }
39  }
```

Die Ausgabe lautet:

```
Please enter source filename: out.txt
Please enter destination filename: out2.txt
Copied 12 bytes from out.txt to out2.txt
```

Übungen

1. Schreiben Sie eine C++ Funktion

   ```
   int file_cmp(const char*, const char*)
   ```

   welche den Inhalt zweier Dateien vergleicht und prüft, ob diese Dateien identisch sind.

2. Schreiben Sie eine C++ Funktion `void replace(const char*)`, welche eine Textdatei einliest und eine Ersetzung der folgenden Zeichen durchführt:

   - ö → oe
   - ü → ue
   - ä → ae
   - ß → ss
   - Ö → Oe
   - Ü → Ue
   - Ä → Ae

Übung 26.0

Schreiben Sie ein C++ Programm mit dessen Hilfe ein beliebiger Text auf die Häufigkeit der enthaltenen Buchstaben analysiert werden kann. Der Text soll als einfache Textdatei (***.txt**) vorliegen und von Ihrem Programm zunächst eingelesen werden. Anschließend analysiert Ihr Programm den Text und zählt die Häufigkeit der enthaltenen Buchstaben. Geben Sie anschließend eine Auswertung Ihrer Analyse aus, welche die absolute Anzahl der Zeichen, sowie deren prozentuale Verteilung angibt. Behandeln Sie Groß- und Kleinbuchstaben identisch, d. h. 'a' und 'A' werden als identisches Zeichen gezählt. Vergleichen Sie anschließend ihre Analyse mit der Buchstabenhäufigkeit in deutschen Texten, wie sie z. B. in Wikipedia beschrieben ist (https://de.wikipedia.org/wiki/Buchstabenhäufigkeit).

Die Ausgabe ihres Programms soll wie folgt aussehen:

```
Which file should be analyzed? kaesekuchen.txt
Number of characters: 4723
A : 522 (11.05%)
B : 216 (4.57%)
C : 412 (8.72%)
D : 434 (9.19%)
E : 1696 (35.91%)
F : 132 (2.79%)
G : 234 (4.95%)
H : 474 (10.04%)
I : 636 (13.47%)
J : 24 (0.51%)
K : 340 (7.20%)
L : 290 (6.14%)
```

© Der/die Autor(en), exklusiv lizenziert an Springer Fachmedien Wiesbaden GmbH, ein 183
Teil von Springer Nature 2022
M. A. Mathes und J. Seufert, *Programmieren in C++ für Elektrotechniker und
Mechatroniker*, https://doi.org/10.1007/978-3-658-38501-9_26

```
M : 232 (4.91%)
N : 856 (18.12%)
O : 254 (5.38%)
P : 86 (1.82%)
Q : 28 (0.59%)
R : 702 (14.86%)
S : 632 (13.38%)
T : 538 (11.39%)
U : 392 (8.30%)
V : 68 (1.44%)
W : 114 (2.41%)
X : 6 (0.13%)
Y : 22 (0.47%)
Z : 106 (2.24%)
```

Übung 26.1

Schreiben Sie ein C++ Programm mit dessen Hilfe eine Textdatei gemäß der Caesar–Verschlüsselung verschlüsselt und wieder entschlüsselt werden kann. Bei der Caesar-Verschlüsselung handelt es sich um ein einfaches symmetrisches Verschlüsselungsverfahren, d. h. beide Teilnehmer der verschlüsselten Kommunikation verwenden den selben Schlüssel zum Verschlüsseln respektive Entschlüsseln.

Die Verschlüsselung erfolgt nach folgendem Prinzip:

- Die Buchstaben des Klartextes werden um eine bestimmte Anzahl von Stellen nach rechts im Alphabet verschoben. Die Anzahl der Stellen entspricht dem geheimen Schlüssel, der sowohl dem Sender als auch dem Empfänger bekannt sein muss.
- Sollte durch die Verschiebung nach rechts das Ende des Alphabets erreicht werden, dann beginnt die Verschiebung wieder (zyklisch) am Anfang des Alphabets. Zum Beispiel wird ein 'Z' bei der Verschiebung um 3 Stellen auf 'C' abgebildet.
- Es werden nur die Buchstaben 'a' bis 'z' und 'A' bis 'Z' verschlüsselt. Alle anderen Zeichen werden einfach übernommen.

Die Entschlüsselung erfolgt, indem die Zeichen des Geheimtextes wieder nach links verschoben werden. Die Anzahl der Stellen wird durch den Schlüssel vorgegeben.

Ihr Programm soll wie folgt auf der Konsole verwendet werden können:

```
caesar <mode> <key> <input> <output>
```

<mode> bestimmt, ob verschlüsselt (e) oder entschlüsselt (d) werden soll. <key> gibt die Anzahl der Stellen an, um die verschoben werden soll (Schlüssel). <input> ist die Eingabedatei (Klartext), die verschlüsselt werden soll. <output> ist die Ausgabedatei (Geheimtext).

Erproben Sie ihr Programm indem Sie zunächst eine Datei chiffrieren, anschließend dechiffrieren und prüfen, ob beide Dateien gleich sind.

Übung 26.2
Überlegen Sie sich eine Methode, wie Sie die Caesar-Verschlüsselung brechen („knacken") können. Erinnern Sie sich dazu an die Übungsaufgabe zur Textanalyse zurück.

C++ verfügt über eine umfangreiche Container Bibliothek, welche es Entwicklerinnen und Entwicklern erlaubt, zwischen verschiedenen Datenstrukturen zum Ablegen von Informationen zu wählen. Die Container Bibliothek unterscheidet zwischen Klassen zum sequentiellen, assoziativen und unsortiert-assoziativen Schreiben/Lesen von Daten.

Ein *sequentieller Container* ist eine Datenstruktur, die einen sequentiellen Zugriff auf die enthaltenen Elemente erlaubt, wie z. B. statisch und dynamisch wachsende Arrays (`array` und `vector`) oder verschiedene Arten verzeigerter Listen (`deque`, `list`, `forward_list`).

Assoziative Container sind sortierte Datenstrukturen, die besonders schnell durchsucht werden können (Zeitkomplexität: $\mathcal{O}(\log n)$). Zu ihnen gehört z. B. die Klasse `set`, deren Objekte jedes Element genau einmal abspeichern können, oder eine `map`, deren Objekte Schlüssel/Wert-Paare abspeichern können.

Die *unsortiert-assoziativen Container* basieren auf einer Hash-Funktion und können im Mittel mit der Zeitkomplexität $\mathcal{O}(1)$ durchsucht werden. Im schlechtesten Fall ist die Zeitkomplexität wie bei den assoziativen Containern $\mathcal{O}(\log n)$.

Vorteile der Container Bibliothek sind, dass sich die Entwicklerin bzw. der Entwickler keine Gedanken über die interne Implementierung der Datenstrukturen machen muss und alle Klassen weitestgehend einheitlich zu verwenden sind. Es ist also möglich einen Container nachträglich gegen einen anderen auszutauschen. Nachfolgend wollen wir exemplarisch den sequentiellen Container `vector` und den assoziativen Container `map` betrachten.

27.1 Die Klasse `vector`

Die Klasse `vector` implementiert einen sequentiellen Container, d. h. die gespeicherten Elemente werden sequentiell abgelegt – ähnlich einem Feld (Array) – und können per Index angesprochen werden. In Unterschied zum Feld allokiert ein `vector` Objekt automatisch

M. A. Mathes und J. Seufert, *Programmieren in C++ für Elektrotechniker und Mechatroniker*, https://doi.org/10.1007/978-3-658-38501-9_27

neuen Speicherplatz, sollte dieser zur Neige gehen. Man kann quasi beliebig viele Elemente in einem `vector` Objekt ablegen.

In Listing 27.1 wird zunächst ein Vektor v mit zwei `int` Elementen 9 und 16 per Initialisierungsliste erzeugt. Anschließend werden zunächst 25 und danach 36 am Ende des Vektors mit der Methode `push_back()` angefügt.

Listing 27.1 vector_example.cpp

```
 1  void vector_example(void) {
 2
 3      vector<int> v =
 4          {9, 16}; // create vector with 2 elements
 5      v.push_back(25); // add element at the end
 6      v.push_back(36); // add element at the end
 7
 8      for (auto n : v) { // print content
 9          cout << n << " ";
10      }
11      cout << endl;
12
13      // add element at the beginning
14      v.insert(v.begin(), 4);
15      // add element at the beginning
16      v.insert(v.begin(), 1);
17
18      for (auto n : v) { // print content
19          cout << n << " ";
20      }
21      cout << endl;
22
23      // print content reversly using iterators
24      for (auto iter = v.end() - 1; iter >= v.begin();
25          iter--) {
26          cout << (*iter) << " ";
27      };
28      cout << endl;
29
30      // number of added elements
31      cout << "Size: " << v.size() << endl;
32      cout << "Capacity: " << v.capacity() << endl;
33
34      for(size_t s = 0; s < v.size(); s++) {
35          cout << v.at(s) << " ";
36      }
37      cout << endl;
38
39      v.clear(); // clear all elements
40      cout << "Size: " << v.size() << endl;
```

```
41      cout << "Capacity: " << v.capacity() << endl;
42 }
```

Mithilfe einer for-range Schleife kann ein vector Objekt bequem durchlaufen werden. Alternativ kann man einen Iterator verwenden, um einen Vektor von vorne nach hinten oder umgekehrt zu durchlaufen.

Um Elemente am Anfang des vector Objekts einzufügen, kann man die Methode insert() verwenden. insert() erwartet einen Iterator, der den Anfang des vector Objekts markiert. Einen solchen Iterator erhält man über die Methode begin() des vector Objekts (einen Iterator für das Ende liefert end()).

Um die Kapazität, d. h. die momentane Maximalanzahl an Elementen, zu erfragen, bietet die Klasse vector die Methode capacity(). Die Anzahl der enthaltenen Elemente kann mittels der Methode size() erfragt werden.

Zum Zugriff auf das n-te Elemente eines Vektors dient die Methode at(). Sollte dieses Element nicht existieren, weil nicht so viele Elemente im Vektor gespeichert sind, wird eine std::out_of_range Exception geworfen.

Die Ausgabe von Listing 27.1 lautet:

```
9 16 25 36
1 4 9 16 25 36
36 25 16 9 4 1
Size: 6
Capacity: 8
1 4 9 16 25 36
Size: 0
Capacity: 8
```

27.2 Die Klasse map

Die Klasse map ist ein assoziativer Speicher, der es erlaubt, Schlüssel/Wert-Paare abzulegen und anschließend anhand des Schlüssels zu suchen. Damit eignet sich eine map besonders, zum Nachschlagen von Informationen, z. B. wenn man ein Wörterbuch implementieren will.

In Listing 27.2 werden die lateinischen Buchstaben (Schlüssel) den griechischen Buchstaben (Wert) zugeordnet. Dazu erzeugen wir zunächst ein map Objekt, welches string Objekte auf string Objekte abbilden kann und initialisieren das Objekt mit zwei Paaren (a/Alpha und b/Beta). Um nach der Erzeugung des Objekts weitere Schlüssel/Wert-Paare einzufügen, verwendet man die Methode insert(). make_pair() erzeugt das neu einzufügende Schlüssel/Wert-Paar. Es handelt sich hierbei um eine Hilfsmethode der Standardbibliothek. Alternativ kann man mit alphabet["d"] = "Delta"; ein neues

Schlüssel/Wert-Paar einfügen. Sollte d als Schlüssel aber bereits existiert haben, wird dessen
Wert ohne Rückmeldung durch Delta ersetzt.

Listing 27.2 map_example.cpp

```
 1  void map_example(void) {
 2
 3      map<string, string> alphabet =
 4          {{"a", "Alpha"}, {"b", "Beta"}};
 5      alphabet.insert(make_pair("c", "Gamma"));
 6      // overwrite value of "d" if already stored
 7      alphabet["d"] = "Delta";
 8
 9      auto iter = alphabet.begin();
10      while (iter != alphabet.end()) { // iterate map
11          cout << (iter->first) << " --> "
12              << (iter->second) << endl;
13          iter++;
14      }
15      cout << endl;
16
17      map<string, string>::iterator search =
18          alphabet.find("b"); // search entry
19      if (search != alphabet.end()) {
20          cout << (search->first) << " --> "
21              << (search->second) << endl;
22          alphabet.erase(search); // remove entry
23      } else {
24          cout << "b not found." << endl;
25      }
26      cout << endl;
27
28      iter = alphabet.begin();
29      while (iter != alphabet.end()) { // iterate map
30          cout << (iter->first) << " --> "
31              << (iter->second) << endl;
32          iter++;
33      }
34      cout << endl;
35  }
```

Zum Durchlaufen einer map kann wieder ein Iterator verwendet werden, hier vom Typ
map<string, string>::iterator. Um auf den Schlüssel eines Elements zuzugreifen, verwendet man das Iteratorattribut first. Den Wert erhält man über das Iteratorattribut second.

Um ein Schlüssel/Wert-Paar zu löschen, kann die Methode erase() verwendet werden.
erase() erwartet einen Iterator, der das zu entfernende Element markiert.

Die Ausgabe von Listing 27.2 lautet:

```
a --> Alpha
b --> Beta
c --> Gamma
d --> Delta

b --> Beta

a --> Alpha
c --> Gamma
d --> Delta
```

Übung 28.0

Recherchieren Sie mit Hilfe der Website https://en.cppreference.com/w/ welche weiteren Attribute und Methoden die Klassen `vector` respektive `map` bieten.

Übung 28.1

Schreiben Sie ein C++ Programm, welches ein Wörterbuch Deutsch-Englisch/Englisch-Deutsch implementiert. Der Benutzer soll die Möglichkeit haben, neue Wörter in das Wörterbuch einzutragen und Wörter nachzuschlagen. Stellen Sie sicher, dass einmal eingetragene Wörter nach einem Neustart Ihres Programms noch verfügbar sind. Persistieren Sie dazu das Wörterbuch Deutsch-Englisch in die Datei **deu-en.txt** und das Wörterbuch Englisch-Deutsch in die Datei **en-deu.txt.**

Übung 28.2

Überlegen Sie sich Beispiele, wann eine Kombination von verschiedenen Container-Arten sinnvoll ist, z. B. eine `map` enthält `vector` Objekte oder eine `set` enthält `map` Objekte.

Übung 28.3

Lesen Sie auf der Website https://en.cppreference.com/w/ nach, was *Container Adapter* sind und für was diese verwendet werden können.

© Der/die Autor(en), exklusiv lizenziert an Springer Fachmedien Wiesbaden GmbH, ein   193
Teil von Springer Nature 2022
M. A. Mathes und J. Seufert, *Programmieren in C++ für Elektrotechniker und Mechatroniker*, https://doi.org/10.1007/978-3-658-38501-9_28

Teil IV

Microcontroller-Programmierung mit C++

Die Arduino Microcontroller-Plattform

29

Mithilfe von C++ kann die Microcontroller-Plattform Arduino [18] programmiert werden. Die zur Programmierung und Übertragung des Programmcodes auf den Chip notwendige Entwicklungsumgebung ist als open-source Software erhältlich. Die Platine des Arduino Uno enthält einen Atmel Chip und 14 digitale Ein-/Ausgänge, sowie 6 analoge Eingänge.

Als Speicher ist im Arduino Uno ein 20 kB ATmega328 Flash Memory verbaut und eine CPU mit 16 MHz Taktfrequenz. Der Arduino Uno kann zur Stromversorgung und Datenübertragung mit einem USB-Kabel an einen Rechner angeschlossen werden. Anwendungsbereiche sind die interaktive Ansteuerung von Hardware, auch unter Benutzung anderer auf dem Steuerrechner oder einem mobilen Endgerät installierter Softwareanwendungen und

Abb. 29.1 Arduino Platine

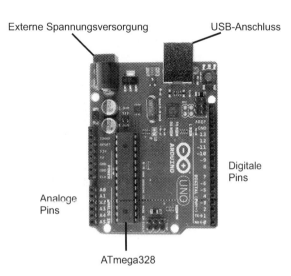

Apps (z. B. Processing, MATLAB, Blynk, sowie einigen Computersprachen). In Abb. 29.1 ist der Aufbau des Arduino dargestellt.

Die grundlegende Struktur eines Arduino-Programms umfasst die beiden Teilmodule (C++ Funktionen) void setup() und void loop(). Dabei wird void setup() nur einmalig bei Programmstart ausgeführt. In dieser Funktion finden sich daher üblicherweise (globale) Variablendefinitionen oder Initialisierungen der seriellen Kommunikation bzw. Einstellungen diverser Pins. Die Funktion void loop() wird unendlich oft wiederholt ausgeführt. Sie ist das Herzstück des Programmcodes und z. B. für die permanente Steuerung einer Schaltung zuständig.

Listing 29.1 arduinobase.ino

```
 1  void setup() {
 2      // define variables and constants
 3      // initialize serial communication etc. here
 4      // this code will only run once
 5  }
 6
 7  void loop() {
 8      // read input values, write output values
 9      // periodically etc. here
10      // this code will run repeatedly
11  }
```

ⓘ Programme für den Arduino nennt man in der Arduino-Community übrigens *sketches* und die Standardendung für den Programmnamen ist *.ino.

29.1 Breadboard

Für das Aufbauen von Schaltungen mit dem Arduino ist eine Steckplatine – auch Breadboard genannt (Abb. 29.2) – nützlich, wie sie von zahlreichen Herstellern kostengünstig angeboten wird, z. B. [21].

29.2 Die Entwicklungsumgebung des Arduino

Für den Arduino Microcontroller gibt es die kostenlose und offene Entwicklungsumgebung *Arduino IDE* (Abb. 29.3) [18]. Mithilfe dieser Entwicklungsumgebung kann man Programme mit C++ erstellen und per USB-Kabel direkt auf dem Microcontroller übertragen und ausführen lassen. Die Stromversorgung erhält der Arduino ebenfalls über die USB-Schnittstelle. Außerdem hat die Platine des Arduino Uno noch einen Spannungseingang,

Abb. 29.2 Arduino Uno mit
Breadboard

```
// blink.ino
// LED blinks with a period of 2 seconds

void setup()
{
    pinMode(10, OUTPUT);    // set pin 10 as output pin
}

void loop()
{
    digitalWrite(10, HIGH);    // turn on LED on pin 10
    delay(1000);               // wait for 1 second (=1000 ms)
    digitalWrite(10, LOW);     // turn off LED on pin 10
    delay(1000);               // wait for 1 second
}
```

Hier geben Sie Ihren
C++ -Quellcode ein.

Abb. 29.3 Die Entwicklungsumgebung des Arduino

sodass der Microcontroller extern mit 7 V . . . 12 V Gleichspannung (z. B. über eine 9 V Batterie) versorgt werden kann. Somit sind auch mobile Anwendungen möglich.

Zur Inbetriebnahme wird das Arduino-Board über ein USB-Kabel am PC angeschlossen. Wählen Sie unter Tools 〉 Board den richtigen Arduino-Typ aus (z. B. den Arduino Uno). Wählen Sie unter Tools 〉 Serial Port den richtigen USB-Anschluss (COM-Port) aus. Wählen Sie unter File 〉 Open... ein Programm aus (z. B. blink.ino aus Kap. 30). Durch Drücken der Pfeiltaste im Menü links oben wird das Programm kompiliert, auf den Arduino geladen und dort ausgeführt. Die weiteren Tasten und die dazugehörigen Funktionen auf der Oberfläche der Entwicklungsumgebung sind in Abb. 29.4 dargestellt.

Abb. 29.4 Die Steuersymbole
der Arduino IDE

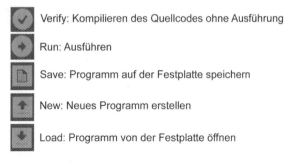

Verify: Kompilieren des Quellcodes ohne Ausführung

Run: Ausführen

Save: Programm auf der Festplatte speichern

New: Neues Programm erstellen

Load: Programm von der Festplatte öffnen

29.3 Die Funktion `pinMode(pin, Mode)`

Die Funktion `pinMode()` wird im `setup()`-Teil von (Listing 29.2) verwendet, um ein spezifiziertes Pin entweder als Input-Pin (z. B. zum Einlesen des Spannungssignals eines Sensors) oder als Output-Pin (z. B. zur Ausgabe einer Spannung auf eine LED) einzustellen.

Listing 29.2 pinMode.ino

```
 1  void setup() {
 2      int pin1 = 3;
 3      int pin2 = 5;
 4      pinMode(pin1, OUTPUT)  // set pin 3 as output pin
 5      pinMode(pin2, INPUT)   // set pin 5 as input pin
 6  }
 7
 8  void loop() {
 9      // n/a
10  }
```

Das erste Arduino Programm

30

Mit unserem ersten Arduino-Programm kann eine Leuchtdiode (LED) angesteuert werden, die mit einer bestimmten Frequenz blinkt (Listing 30.1). Die LED verbindet man über einen $330\,\Omega$ Widerstand mit Pin 10 (Anode der LED) und Ground (Kathode der LED) des Arduino-Boards (Abb. 30.1). Pin 10 ist daher als Output-Pin zu setzen. Mit dem Befehl `digitalWrite(10, HIGH)` setzt man den Spannungspegel des Pin 10 auf High, d. h. die LED leuchtet. Danach pausiert man den weiteren Ablauf des Programms mit dem Befehl `delay(1000)` für eine Zeit von 1000 ms, also 1 s, bis der nächste Befehl `digitalWrite(10, LOW)` den Spannungspegel auf Low setzt. Nachdem erneut eine Wartezeit von 1 s einprogrammiert wird, ist die Funktion `void loop()` komplett durchlaufen und wird automatisch von neuem gestartet. Die LED blinkt also mit einer Frequenz von $0,5\,\text{Hz}$.

Listing 30.1 blink.ino

```
1   // blink.ino
2   // LED blinks with a period of 2 seconds
3
4   void setup() {
5     pinMode(10, OUTPUT);        // set pin 10 as output pin
6   }
7
8   void loop() {
9     digitalWrite(10, HIGH);     // turn on LED on pin 10
10    delay(1000);                // wait for 1 second (=1000 ms)
11    digitalWrite(10, LOW);      // turn off LED on pin 10
12    delay(1000);                // wait for 1 second
13  }
```

© Der/die Autor(en), exklusiv lizenziert an Springer Fachmedien Wiesbaden GmbH, ein Teil von Springer Nature 2022
M. A. Mathes und J. Seufert, *Programmieren in C++ für Elektrotechniker und Mechatroniker*, https://doi.org/10.1007/978-3-658-38501-9_30

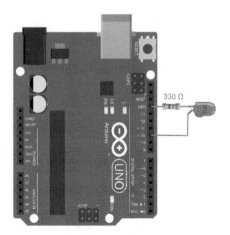

Abb. 30.1 Schaltplan für **blink.ino**

> ⚠ Ein Reihenwiderstand von typischerweise einigen 100 Ω ist aufgrund der Strom-
> stärke, die die Output Pins der Arduino-Platine liefern, nötig, um die LED vor
> Zerstörung zu schützen.
> **K-K**-Merkregel zum korrekten Anschluss einer LED:
> **K**athode=**K**ürzeres Pin der LED.

Übungen

1. Verändern Sie das Programm `blink.ino` so, dass die LED das internationale SOS-
   Signal im Morsecode sendet:
   kurz / Pause1 / kurz / Pause1 / kurz / Pause2
   lang / Pause1 / lang / Pause1 / lang / Pause2
   kurz / Pause1 / kurz / Pause1 / kurz / Pause3
   Die verwendeten Zeiten sind kurz = 300 ms, Pause1 = 300 ms, lang = 900 ms,
   Pause2 = 900 ms und Pause3 = 2100 ms.
2. Entwickeln Sie ein Programm, das eine rote, eine gelbe und eine grüne LED wie in einer
   Ampel ansteuert, also:
   Rot an, gelb aus, grün aus
   Pause 6 s
   Rot an, gelb an, grün aus
   Pause 2 s
   Rot aus, gelb aus, grün an
   Pause 6 s

31

Pins können Spannungen ausgeben (Output-Pins) bzw. einlesen (Input-Pins). Dafür gibt es eine Reihe von Befehlen (Funktionen), die in diesem Kapitel erläutert werden.

31.1 `digitalRead(pin)`

Die Funktion liest den Wert (HIGH oder LOW) eines mit `pin` spezifizierten digitalen Input-Pins.

Listing 31.1 digitalRead.ino

```
1 int value;
2 int pin = 7;
3 pinMode(pin, INPUT)        // set pin 7 as input pin
4 value = digitalRead(pin); // read voltage on pin 7
```

31.2 `digitalWrite(pin, value)`

Diese Funktion gibt den Pegel LOW oder HIGH an ein spezifiziertes Pin, d. h. „schaltet das Pin aus oder an".

Listing 31.2 digitalWrite.ino

```
1 int ledpin = 9;                    // LED on pin 9
2 pinMode(ledpin, OUTPUT)
3 digitalWrite(ledpin, HIGH); // turn on LED on pin 9
4 digitalWrite(ledpin, LOW);  // turn off LED on pin 9
```

Auch Input-Pins können mit `digitalWrite(pin, value)` auf einen LOW/HIGH Pegel eingestellt werden. Ein HIGH-Pegel bei einem Input-Pin bedeutet, dass ein chipinterner Widerstand (sog. pull-up resistor mit $R = 20\,\text{k}\Omega$) dem Pin vorgeschaltet wird. Dieser Hochimpedanzzustand eignet sich z. B. zum Auslesen eines Schalters oder Sensors.

M. A. Mathes und J. Seufert, *Programmieren in C++ für Elektrotechniker und Mechatroniker*, https://doi.org/10.1007/978-3-658-38501-9_31

31.3 `analogRead(pin)`

Diese Funktion liest den Spannungswert (0 V . . . 5 V) von einem spezifiziertem Analog-Pin.
Werte werden mit 10 bit-Auflösung, entsprechend dem Zahlenbereich 0 . . . 1023 eingelesen.

Listing 31.3 analogRead.ino

```
1  int  value;
2  int  pin = 1;
3  //read  voltage  value  from  pin  1
4  value  =  analogRead(pin);
```

 Analog-Pins müssen nicht als INPUT oder OUTPUT festgelegt werden.

31.4 Pulsweitenmodulation

Die digitalen Pins 3, 5, 6, 9, 10 und 11 des Arduino Uno erlauben es, pulsweitenmodulierte Signale auszugeben. Pulsweitenmodulation (PWM) ist ein Verfahren, mit dem quasi-
analoge Ausgaben mithilfe der Digitaltechnik erzeugt werden. Die PWM-Pins stellen dafür
ein Rechtecksignal zur Verfügung, das periodisch zwischen „an" und „aus" hin- und her-
schaltet. Dieses An/Aus-Muster kann beliebige Spannungen zwischen 5 V und 0 V simulie-
ren, indem der Anteil der „An"-Zeit gegenüber dem Anteil der „Aus"-Zeit während einer
Rechteckperiode verändert wird. Die Dauer der „An"-Zeit nennt man Pulsweite und das
Verhältnis der „An"-Zeit zur vollen Rechteckperiode nennt man Tastverhältnis (engl.duty
cycle).

Durch Veränderung der Pulsweite liegt bei schneller Wiederholung der An/Aus Folge
(beim Arduino geschieht dies mit 500 Hz) die zeitlich gemittelte Spannung je nach Puls-
dauer bei einem beliebigen Wert im Intervall 0–5 V. Dies wird in Abb. 31.1 veranschaulicht.
Eine Anwendung der PWM ist das Dimmen einer LED durch graduelle Verringerung des
Tastverhältnisses von 100 % (LED komplett an) auf 0 % (LED komplett aus).

Die Modulationsfrequenz des Arduino beträgt 500 Hz, die Dauer einer Rechteckschwingung liegt also bei 2 ms (Zeitabstand benachbarter blauer Linien). Unterschiedliche Pulswei-
ten (Dauer der „An"-Zeit innerhalb einer Rechteckschwingung) entsprechen unterschiedlichen Quasianalog-Spannungswerten.

Beispiel: 75 % Tastverhältnis $\implies$ $0{,}75 \cdot 5\,\mathrm{V} = 3{,}75\,\mathrm{V}$

31.5 `analogWrite(pin, value)`

Ein Aufruf von `analogWrite(pin, value)` legt das Tastverhältnis am spezifizierten
Pin mithilfe eines 8 bit Werts (0 . . . 255) fest. Beispielsweise erzeugt `analogWrite(10,
255)` am Pin 10 ein 100 % Tastverhältnis (immer „an") und `analogWrite(10, 127)`
ein 50 % Tastverhältnis (die Hälfte der Zeit „an").

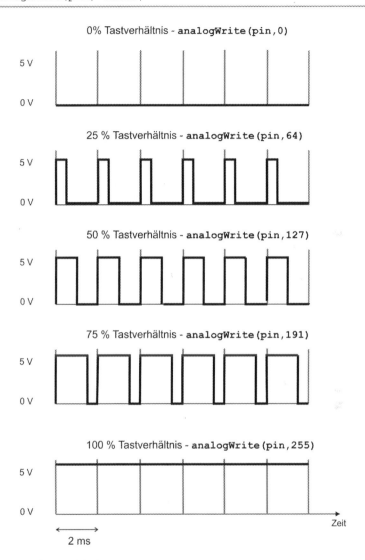

Abb. 31.1 Pulsweitenmodulation

Ein Beispiel für die Nutzung dieses Befehls zeigt Listing 31.4. Dabei steuert ein Potentiometer an Analog-Pin 0, wie in Abb. 31.2 dargestellt, die Spannung an einer LED und damit deren Helligkeit.

Abb. 31.2 Schaltplan für
analogWrite.ino

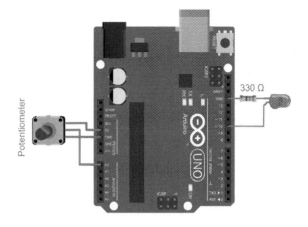

Listing 31.4 analogWrite.ino

```
1  // analogWrite.ino
2  // reads analog value in interval [0,1023] from
3  // pin 0 (potentiometer), divides this value
4  // by 4 und sends corresponding PWM Signal to pin 10 (LED)
5
6  int led = 10;  // LED   on pin 10
7  int pot = 0;   // potentiometer on analog pin 0
8  int value;     // voltage drop across potentiometer
9
10 void setup() {
11     // n/a
12 }
13
14 void loop() {
15    // get voltage drop
16    value = analogRead(pot);
17
18    // convert interval [0,1023] to [0,255]
19    value\ =4;
20
21    // send PWM Signal to LED
22    analogWrite(led, value);
23 }
```

Dieses Kapitel zeigt beispielhaft, wie einfache Mess- und Regelungsanwendungen von einer einfachen Dimmerschaltung bis hin zu einer Motorsteuerung auf Basis eines Microcontrollers realisiert werden können.

32.1 Dimmen einer LED

Ein einfaches Beispiel für die Anwendung von analogWrite(pin, value) ist die Ansteuerung einer LED, die durch Pulsweitenmodulation gedimmt werden kann (Listing 32.1).

Listing 32.1 ledDimmer.ino

```
1  // ledDimmer.ino
2  // Dimming of an LED on pin 9.
3
4  int brightness = 0;   // brightness value of LED
5  int fadeAmount = 5;   // brigthness steps
6
7  void setup() {
8      // define pin 9 as output pin
9      pinMode(9, OUTPUT);
10 }
11
12
13 void loop() {
14     // set brightness of LED
15     analogWrite(9, brightness);
16
17     // change brightness by fadeAmount
18     brightness = brightness + fadeAmount;
19
20     // Reverse when maxium/minimum brightness is reached
21     if (brightness == 0 || brightness == 255)
22     {
```

M. A. Mathes and J. Seufert, *Programmieren in C++ für Elektrotechniker und Mechatroniker*, https://doi.org/10.1007/978-3-658-38501-9_32

```
23       fadeAmount = -fadeAmount ;
24     }
25
26     // wait for 30 ms
27     delay(30);
28 }
```

Im sketch **ledDimmer.ino** wird in Zeile 15 zunächst der pulsweitenmodulierte Pegel von Pin 9, das mit der LED verbunden ist, auf LOW gesetzt. Anfänglich befindet sich die LED somit im Aus-Zustand (`brightness=0`). Daraufhin wird der Helligkeitswert `brightness` fortlaufend um jeweils `fadeAmount`, also um 5 Einheiten, erhöht. Sobald maximale Helligkeit, entsprechend einem PWM-Tastverhältnis von 100 % bzw. einem `brightness`-Wert von 255 erreicht ist, wird das Vorzeichen von `fadeAmount` umgekehrt, sodass nun der Variablenwert von `brightness` sukzessive reduziert wird, bis die LED wieder völlig abgedunkelt ist. Danach beginnt der Dimm-Zyklus von neuem. Abb. 32.1 zeigt die Veränderung der LED-Helligkeit während des Programmablaufs.

32.2 Lauflicht

Bei Verwendung mehrerer LEDs an benachbarten Digital-Pins des Arduino kann man ein Lauflicht realisieren. Dazu müssen benachbarte LEDs nacheinander an- bzw. abgeschaltet werden (Listing 32.2).

Listing 32.2 runningLight.ino

```
1  // runningLight.ino
2  // LEDs on pins 9, 10, 11 each with 330 Ohm series resistor
3
4  int led1 = 9;
5  int led2 = 10;
6  int led3 = 11;
7
8  // 500 ms delay between on/off phase of neighboring LEDs
9  int del = 500;
10
11 void setup() {
12    // define pins as output pins
13    pinMode(led1, OUTPUT);
14    pinMode(led2, OUTPUT);
15    pinMode(led3, OUTPUT);
16 }
17
18
19 void loop() {
20    digitalWrite(led1, HIGH);  // LED1 on
21    delay (del);               // wait for 500 ms
22    digitalWrite(led1, LOW);   // LED1 off
23
24    digitalWrite(led2, HIGH);  // LED2 on
25    delay (del);               // wait for 500 ms
26    digitalWrite(led2, LOW);   // LED2 off
27
```

```
28    digitalWrite(led3, HIGH);   // LED3 on
29    delay (del);                // wait for 500 ms
30    digitalWrite(led3, LOW);    // LED3 off
31  }
```

Listing 32.2 ist weitestgehend selbsterklärend. Zeilen 20-22 sorgen für eine 0,5 s anhaltende Konstantspannung von 5 V an Pin 9, an dem die erste LED angeschlossen ist. Nach Ablauf dieser Zeitspanne erlischt LED1 und die zweite LED an Pin 10 wird in gleicher Weise bestromt usw. So entsteht der Eindruck eines Lauflichts. Da sich die Zeilen 20-30, die die LEDs sukzessive ansteuern, innerhalb der `loop()`-Funktion befinden, erhält man ein fortwährend „durchlaufendes" Lichtsignal (siehe dazu auch den Schaltplan in Abb. 32.2).

Übung

1. Steuern Sie die Geschwindigkeit des Lauflichts mithilfe eines Potentiometers. Dazu schließen Sie ein Potentiometer an Analog-Pin 0 an und lesen dessen Wert mit `analogRead(0)` ein (liefert einen Wert im Intervall 0–1023). Die Variable `del` aus obigem Programm ersetzen Sie dann durch den entsprechend skalierten eingelesenen Wert.

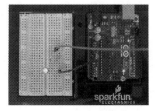

Abb. 32.1 Dimmerschaltung einer LED mit der Arduino-Platine. Die Programmlaufzeit (d. h. die Helligkeit der LED) nimmt von links nach rechts zu.

Abb. 32.2 Schaltplan für **runningLight.ino**

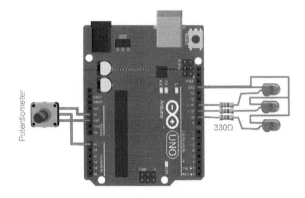

32.3   Sensor für elektromagnetische Felder

Über die Messung einer Induktionsspannung können elektromagnetische Felder nachgewiesen werden. Mit der Arduino-Plattform kann recht einfach ein primitiver Feldsensor gebaut werden. Dazu verbindet man einen Analogeingang (hier: ANALOG IN 5) der Arduino-Platine über einen hohen Widerstand (hier: $3{,}3\,\text{M}\Omega$) und einem Stück Draht als Antenne mit der Masse (GRD-Eingang). Die in der Antenne bei Annäherung an ein elektrisches Feld (Steckdose, elektrisches Gerät) induzierte Spannung wird aufgezeichnet und entsprechend skaliert als Ansteuerspannung an eine an einem Analogausgang (hier: Pin 11) angeschlossene LED gegeben. Die Helligkeit der LED ist somit ein Maß für die Stärke des elektromagnetischen Feldes.

Listing 32.3 emfSensor.ino

```
1   // emfSensor.ino
2   // sensor for electromagnetic fields
3   // 3.3 MOhm resistor and antenna between
4   // analog 5 pin and GRD
5   // LED attached to pin11
6
7   // number of measurements for averaging
8   #define sample 300
9
10  // analog pin 5 is input for induction voltage
11  int inPin = 5;
12
13  int pin11 = 11;        // LED on pin 11
14  float val;             // voltage reading on pin5
15  int array1[sample];    // array containing 300 readings
16  unsigned long sum;     // sum over voltage readings
17
18  void setup() {
19      // n/a
20  }
21
22  void loop() {
23    // read induction voltage 300 times
24    for (int i = 0; i < sample; i++)
25    {
26        array1[i] = analogRead(inPin);
27        sum += array1[i];
28    }
29    // averaging
30    val = sum / sample;
31
32    // constrain val to interval [0,100]
33    val = constrain(val, 0, 100);
34
35    // map interval  0-100 to 0-255
36    // (255 is upper limit for analogWrite)
37    val = map(val, 0, 100, 0, 255);
38
39    // send to LED (brightness)
40    analogWrite(pin11, val);
41
```

```
42   // reset sum for next sampling
43   sum = 0;
44 }
```

In Listing 32.3 wird das Feld `int array1[sample]` mit `sample=300` Messwerten gefüllt. Jeder Wert (jeweils 10 bit) entspricht dabei einer Messung der in der Antenne an `inpin`, pin 5, induzierten Spannung, siehe Zeile 26. In Zeile 27 wird die Summe `sum` aller 10 bit Messwerte gebildet und nachfolgend zur Mittelung durch dike Anzhal der Messungen geteilt. Der sich so ergebende Mittelwert wird in Zeile 33 mit dem Befehl `constrain` auf ein Intervall von 0–100 beschränkt.

  Der Rückgabewert der Funktion

$$| \text{int constrain(int val, int a, int b)}|$$

ist

- `val`, falls $a \leq val \leq b$
- a, falls $val < a$
- b, falls $val > b$

Anschließend werden in Zeile 37 die errechneten Mittelwerte so skaliert, dass sich minimale Mittelwerte von Null und maximale Mittelwerte von 255 ergeben. Durch diese Skalierung können die Werte unter Ausnutzung der vollen 8-bit-PWM-Dynamik als PWM-Daten an die Funktion `analogWrite` übergeben und so der Betrag der gemessenen Induktionsspannung über die Helligkeit einer LED visualisiert werden siehe dazu Abb. 32.3 und 32.4.

Abb. 32.3 Schaltplan für **emfSensor.ino**

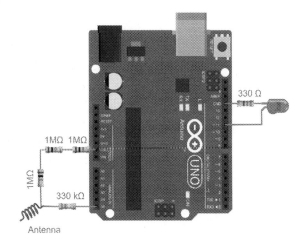

Abb. 32.4 Sensor für elektromagnetische Felder

Übung

1. Modifizieren Sie das Projekt **emfSensor.ino** so, dass die gemessene Induktionsspannung mithilfe eines Arrays von 4 LEDs visualisiert wird. Je höher die Spannung, umso mehr LEDs sollen leuchten.

32.4   Tonausgabe mit dem Arduino

Mit dem Befehl tone(pin, frequency, duration) kann auf einem Lautsprecher oder Piezobuzzer am Pin pin eine Rechteckschwingung der Frequenz frequency (in Hz) für die Dauer duration (in ms) ausgegeben werden. Der Lautsprecher erzeugt also einen Ton der spezifizierten Frequenz und Zeitdauer. Die im Umfang der Arduino Software enthaltene Datei pitches.h listet die Frequenzen verschiedener Töne der Tonleiter.

Listing 32.4 toneGenerator.ino

```
1  // toneGenerator.ino
2  // tone generator for the Arduino
3  // piezo buzzer connected to digital pin 9 und GRD
4
5  #include "pitches.h"
6  // header file containing the musical notes
7
8  void setup() {
9      int pin=9; // piezo buzzer pin
10
11     // musical notes:
12     int melody[] = {
13     NOTE_C4 , NOTE_G3 ,NOTE_G3 , NOTE_A3 , NOTE_G3 , 0,
14     NOTE_B3 , NOTE_C4 };
15
```

```
16     // duration of notes: 4 = quarter note,
17     // 8 = eighth note, etc.:
18     int noteDurations[] = { 4, 8, 8, 4, 4, 4, 4, 4 };
19
20     for (int thisNote = 0; thisNote < 8; thisNote++)
21     {
22         // calculate note duration in milliseconds,
23         // e.g. quarter note = 1000/4,
24         // eigth note = 1000/8, usw.
25         int noteDuration = 1000/noteDurations[thisNote];
26
27         // play the tone
28         tone(pin, melody[thisNote],noteDuration);
29
30         // set a waiting time of 30% of the note duration
31         // between neighboring notes
32         // to be able to hear the notes separately
33         int pauseBetweenNotes = noteDuration * 1.30;
34         delay(pauseBetweenNotes);
35
36         // stop playing
37         noTone(pin);
38     }
39 }
40
41 void loop() {
42     // n/a if you want to play notes only once
43 }
```

Herzstück des sketches **toneGenerator.ino** ist das Array int melody[], in welchem die Frequenzen der abzuspielenden Noten als Ganzzahlen gespeichert sind, z. B. hat das einfach gestrichene c', also die Note NOTE_C4 die Frequenz 262 Hz. Die Notendauern sind codiert im gleich großen Feld int noteDurations[] abgelegt und werden mit tone(pin, melody[thisNote],noteDuration) über die for-Schleife nacheinander abgespielt. Es hat sich gezeigt, dass das beste „Klangerlebnis" zustande kommt, wenn man nach dem Abspielen einer Note eine von der Notenlänge abhängige Pause macht, bis die nächste Note abgespielt wird. Dazu dient der delay-Befehl in Zeile 34. Abb. 32.5 zeigt den Schaltplan für diese Anwendung mit dem an der Arduino-Plattform angeschlossenen Lautsprecher.

⌨

Übung

1. Erstellen Sie ein Programm für den Arduino, das ein Martinshorn imitiert (Frequenzen $f_1 = 440$ Hz (Note A4) und $f_2 = 587,33$ Hz (Note D5), Tondauern $t_1 = 700$ ms und $t_2 = 700$ ms).

2. Erweitern Sie das Programm und die Schaltung durch eine LED, die simultan zum Ton mit der Frequenz f_1 blinkt („Signallampe").

3. Bauen Sie eine Schaltung, die je nach Einstellung eines Potentiometers höhere oder tiefere Dauertöne erzeugt und erstellen Sie das zugehörige Arduino-Programm. Hin-

Abb. 32.5 Schaltplan für
toneGenerator.ino

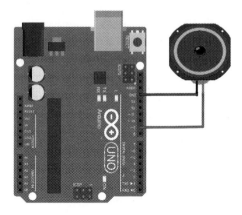

weis: Verwenden Sie als Grundlage das Programm **analogWrite.ino** aus Abschn. 31.5 und nehmen Sie als Frequenzbereich des Lautsprechers 40 Hz (Potentiometer am linken Anschlag) bis 4132 Hz (Potentiometer am rechten Anschlag).

32.5   Lichtsensor

Unter Verwendung eines Fotowiderstands (LDR: light dependent resistor) kann man einen Lichtsensor bauen. Dazu verwendet man beispielsweise die von der Lichtstärke abhängige Spannung am LDR als analoge Eingangsgröße an einem Analog-Pin und steuert eine LED an, die je nach einfallender Lichtstärke dunkler bzw. heller leuchtet.

Listing 32.5 lightSensor.ino

```
 1 // lightSensor.ino
 2 // Dimming of an LED on pin 11 dependent on the
 3 // light exposure of a light dependent resistor (LDR)
 4
 5 int brightness = 0;      // brightness of LED
 6 int ldrvalue = 0;        // voltage drop across LDR
 7
 8 int ldr = 0;             // LDR attached to pin 0
 9 int led = 11;            // LED attached to pin 11
10
11 void setup() {
12     pinMode(ldr, INPUT);   // define pin 0 as input pin
13     pinMode(led, OUTPUT);  // define pin 11 as output pin
14 }
15
16 void loop() {
17     /* get voltage value as 10 bit
18     number in interval [0,1023] */
19     ldrvalue = analogRead(ldr);
20
21     //map interval [0,1023] to interval [0,255]
22     brightness = ldrvalue/4;
23
```

Abb. 32.6 Schaltplan für
lightSensor.ino

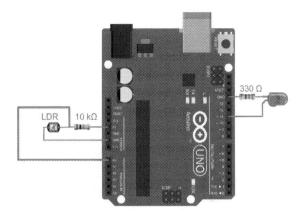

```
24    //set brightness of LED
25    analogWrite(led, brightness);
26 }
```

Listing 32.5 setzt zur Messung der Umgebungs-Lichthelligkeit einen LDR in einer Spannungsteilerschaltung ein (siehe dazu Abb. 32.6). Die Spannung U_{LDR}, die am LDR abfällt,
ergibt sich zu

$$U_{\text{LDR}} = 5\,\text{V} \cdot \frac{R_{\text{LDR}}}{R_{\text{LDR}} + 10\,\text{k}\Omega}$$

und wird am Analog Pin 0 als 10 bit Wert im Intervall [0, 1023] eingelesen (Zeile 19).
Der Widerstand eines LDRs nimmt typischerweise mit zunehmender Helligkeit ab, weshalb
die am Analog Pin 0 gemessene Spannung mit zunehmender Helligkeit der Beleuchtung
des LDR steigt. Mit der Division des von Analog Pin 0 eingelesenen Wertes durch 4 in
Zeile 23, wird die Dynamik der Messwerte auf das Intervall [0, 255] abgebildet. Die so
skalierten Daten werden nun in Zeile 26 als PWM-Signal an die LED an Pin 11 gesendet.
Somit leuchtet die LED maximal (minimal) hell, wenn die Stärke der Beleuchtung des LDR
minimal (maximal) ist: Wir haben ein einfaches Nachtlicht implementiert.

32.6   Ansteuerung eines Servo- und eines DC-Motors

Über die Arduino-Plattform können neben dem Auslesen und Verarbeiten von Sensordaten auch Motoren/Aktoren kontrolliert angesteuert werden, was Anwendungen z. B. in der
Robotik ermöglicht. In diesem Kapitel beschäftigen wir uns mit der Steuerung und Regelung von Servomotoren und DC-Motoren. Ein Servo-Motor kann hierbei mittels des PWM-
Verfahrens (siehe Abb. 31.1) angesteuert werden. Die Umrechnung zwischen PWM-Signal
und Drehwinkel des Motors ist in der Bibliothek <Servo.h> festgelegt. Servomotoren
haben in der Regel drei Anschlusskabel (siehe Abb. 32.7).

Abb. 32.7 Anschlussbelegung
eines Servomotors

Im Listing 32.6 wird Pin 7 des Arduino als Signal-Pin verwendet. Beispielhaft bewegt
sich der Rotor des Motors dabei um 180° und wieder zurück.

Listing 32.6 servomotor.ino

```
1  // servomotor.ino
2  #include <Servo.h>
3
4  // initialize object myservo of class Servo
5  Servo myservo;
6  // position of motor
7  int pos = 0;
8
9  void setup() {
10   // connect the motor on pin 7 with the object myservo
11   myservo.attach(7);
12 }
13
14 void loop() {
15   // run from 0 to 180 angle degrees
16   for(pos = 0; pos < 180; pos += 1)
17   {
18     // motor goes to position 'pos'
19     myservo.write(pos);
20     // wait for 15ms until the motor has
21     // reached the position 'pos'
22     delay(15);
23   }
24
25   // run from 180 to 0 angle degrees
26   for(pos = 180; pos>=1; pos-=1)
27   {
28     // motor goes to position 'pos'
29     myservo.write(pos);
30     // wait for 15ms until the motor has
31     // reached the position 'pos'
32     delay(15);
33   }
34 }
```

Im sketch **servomotor.ino** wird zunächst in Zeile 5 das Objekt myservo der Klasse Servo
erzeugt. myservo ist gewissermaßen ein *digitaler Twin* des realen Servomotors. Gesteuert
wird dieses Objekt über Pin 7. Im loop()-Teil des sketches wird die Winkelposition des
Rotors in 1-Grad-Schritten von anfänglich 0° auf 180° erhöht. Jedem Winkelschritt schließt
sich eine Pause von 15 ms Dauer an. Nachdem eine halbe Umdrehung, also der Winkel 180°

Tab. 32.1 Ansteuerpins des Arduino Motorshield R3

	Pins für Motor am Kanal A	Pins für Motor am Kanal B
Richtung	D12	D13
PWM (Geschwindigkeit)	D3	D11
Bremsen	D9	D8
Stromaufnahme	A0	A1

erreicht wurde, setzt sich der Motor über die for-Schleife in Zeile 27 in entgegengesetzter Richtung in Bewegung.

Sollen mit dem Arduino gleichzeitig mehrere Motoren betrieben werden, wie dies z. B. bei der Ansteuerung eines Roboterarms nötig ist, kann dazu das sog. Arduino Motor Shield eingesetzt werden, dass in Abb. 32.8 dargestellt ist.

Mit diesem Shield können bis zu zwei bidirektionale DC Motoren mit individueller 8 bit-Geschwindigkeitssteuerung oder ein Schrittmotor angeschlossen werden. Das Shield soll im Folgenden als „Einstiegsmodell" benutzt werden – für Anwendungen in der Robotik sind natürlich auch Shields erhältlich, mit denen simultan eine größere Anzahl an Motoren angesteuert werden kann.

Die Motoren können von einer externen Spannungsquelle versorgt werden, die am Spannungseingang des Arduino Boards angeschlossen werden kann (2,1 mm Stecker, center-positive).

Folgende Pins am Motorshield dienen der Ansteuerung der Motoren:

Das Programm **motorshieldDC.ino** lässt einen DC-Motor jeweils mit variabler Geschwindigkeit abwechselnd links- und rechtsherum drehen.

Abb. 32.8 Arduino Motor Shield R3 mit angeschlossenem DC Motor

Listing 32.7 motorshieldDC.ino

```
1  // motorshieldDC.ino
2
3  int dirA = 12;
4  int dirB = 13;   // not used here
5  int speedA = 3;
6  int speedB = 11; // not used here
7
8  void setup() {
9    pinMode (dirA, OUTPUT);
10   pinMode (dirB, OUTPUT);
11   pinMode (speedA, OUTPUT);
12   pinMode (speedB, OUTPUT);
13 }
14
15 void loop() {
16   // turn motor clockwise
17   // with increasing speed
18   digitalWrite (dirA, HIGH);
19
20   for (int j = 0; j < 255; j += 10)
21   {
22       analogWrite (speedA, j);
23       delay (100);
24   }
25
26   // stop motor
27   digitalWrite(speedA, LOW);
28   // keep motor running for 1s
29   delay(1000);
30
31   // turn motor counterclockwise
32   // with decreasing speed
33   digitalWrite (dirA, LOW);
34
35   for (int j = 255; j >= 0; j -= 10)
36   {
37       analogWrite (speedA, j);
38       delay (100);
39   }
40
41   // stop motor
42   digitalWrite(speedA, LOW);
43   // keep motor running for 1s
44   delay(1000);
45 }
```

In diesem sketch wird in Zeile 18 das pin dirA (also Pin D12 des Motorshields) in einen HIGH-Pegel versetzt, wodurch nach Tabelle 32.1 die Drehrichtung (hier rechtsherum) festlegt wird. Über den Befehl analogWrite (speed A, j) wird in den Zeilen 22 und 37 wiederum die PWM-Technik verwendet um über speedA, also Pin D3, die Geschwindigkeit des DC-Motors zu regeln. Die Geschwindigkeit wird über die Variable j gesteuert. Dabei bedeutet j=0 minimale und j=255 maximale Geschwindigkeit.

In Verbindung mit Mehrkanalrelais, die für den Arduino erhältlich sind, können über die Arduino-Steuerspannung von 5 V auch große Lasten geschaltet werden und so z. B. 230 V-Elektromotoren kontrolliert betrieben werden.

Übung

1. Entwerfen Sie auf Grundlage von **servomotor.ino** ein Programm, mit dem Sie einen Servomotor über ein Potentiometer am Analog-Input-Pin A0 ansteuern. Das Potentiometer soll den von der Potentiometerstellung abhängigen Analogwert `value` von A0 (`value = 0 ... 1023`) in eine dazu proportionale Winkelstellung des Motors (`angle = 0° ... 179°`) umrechnen.
Tipp: Zur Umrechnung zwischen Potentiometerwert und Winkelwert können Sie die Funktion `angle = map(value, 0, 1023, 0, 179)` benutzen.

32.7 Entfernungsmessung

Über das Arduino-Board kann sehr einfach ein Ultraschall-Sensor angesteuert werden, mit dessen Hilfe man z. B. Entfernungen messen kann. In Verbindung mit der Motoransteuerung (siehe Abschn. 32.6) lässt sich so z. B. ein sich bewegender und „sehender" Roboter realisieren.

Das Ultraschallmesssystem besteht, wie in Abb. 32.9 dargestellt, aus einem Ultraschallsender und einem Ultraschallempfänger. Der Ultraschallsender emittiert einen kurzen (hier 10 µs) Puls, der vom Ultraschallempfänger nach Reflexion an einem Hindernis empfangen

Abb. 32.9 Beschaltung der Arduino Platine für das Programm **ultrasound.ino**

wird. Dazu steht die Funktion `pulseIn(inPin, HIGH)` zur Verfügung, welche die Zeit Δt misst, bis am Empfänger, der am Pin `inPin` angeschlossen ist, ein HIGH-Puls eintrifft.

Mit der Schallgeschwindigkeit $c_S = 340\,\mathrm{m\,s^{-1}}$ kann über die Laufzeit Δt die Entfernung d des reflektierenden Hindernisses durch $d = \frac{1}{2} \cdot c_S \cdot \Delta t$ bestimmt werden. Der Faktor $\frac{1}{2}$ spiegelt dabei die Tatsache wider, dass der Weg des Signals aus Hin- und Rückweg besteht, die Entfernung zum reflektierenden Objekt also dem halben Signalweg entspricht.

Listing 32.8 ultrasound.ino

```
 1  // ultrasound.ino
 2  int pingPin = 13;    // sender pin (Trig)
 3  int inPin = 12;      // receiver pin (Echo)
 4
 5  void setup() {
 6    Serial.begin(9600);
 7  }
 8
 9  void loop() {
10    // pulse duration, distance of object
11    float duration, distance;
12
13    pinMode(pingPin, OUTPUT);
14
15    // send HIGH Puls (10 µs) terminated by short LOW-Puls
16    digitalWrite(pingPin, HIGH);
17    delayMicroseconds(10);
18    digitalWrite(pingPin, LOW);
19
20    // receive echo und measure duration on pin 12
21    pinMode(inPin, INPUT);
22    duration = pulseIn(inPin, HIGH);
23
24    // calculate distance
25    distance = microsecondsToCentimeters(duration);
26
27    Serial.println(distance, DEC);
28    delay(100);
29  }
30
31  float microsecondsToCentimeters(float microseconds) {
32    // speed of sound: 340 m/s = 3.4e-2 cm/µs
33    // =2*distance (cm)/duration (µs)
34    // distance=0.5*speed of sound*duration
35    return 0.5*3.4e-2*microseconds;
36  }
```

Übung

1. Entwickeln Sie auf Basis des Programms **ultrasound.ino** eine akustische Einparkhilfe, wie man sie in vielen Pkw findet. Ihre Schaltung soll einen periodisch unterbrochenen Ton (Rechtecksignal) der Frequenz $f = 500\,\mathrm{Hz}$ (siehe Abschn. 32.4) abgeben, wobei

die Periode des Rechtecksignals gemäß untenstehender Tabelle den Abstand des Ultra-
schallsensors von einem Hindernis signalisiert.

Abstand (cm)	Periode T (ms)
> 100	1200
100 ... 81	900
80 ... 61	600
60 ... 20	300
< 20	0 (Dauerton)

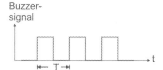

32.8   Steuerung über ein Touchscreen Display

Für den Arduino ist eine Vielzahl an Displays (LCDs) und Touchscreens erhältlich, die
direkt auf die Platine aufgesteckt und z. B. zur Anzeige von Messdaten oder zur Ansteuerung verwendet werden können. Damit sind stand-alone Anwendungen möglich, die keine
Verbindung zu einem Rechner benötigen.

Dieses Kapitel beschäftigt sich mit der Nutzung eines 2,8"-Touchscreens [24] mit einer
Auflösung von 240 Pixel x 320 Pixel, der als Ausgabemedium und Kontrolleinheit eingesetzt
wird. Beispielhaft soll dazu ein Button auf dem Touchscreen implementiert werden, mit dem
eine an der Arduino-Platine angeschlossene LED angesteuert wird. Zudem soll der an der
LED anliegende Spannung auf dem Display angezeigt werden. Abb. 32.10 zeigt das auf
einen Arduino aufgesteckte Touchscreen-Display mit dem zentralen Push-Buttom und der
Spannungsanzeige in Volt (unten links auf dem Display).

Da übliche Touchscreens viele I/O-Pins des Arduino Uno vorbelegen und damit Anwendungen, die weitere freie I/O-Pins benötigen, nur eingeschränkt realisierbar sind, wird für
dieses Projekt wegen der größeren Anzahl an verfügbaren I/O Ports der „größere Bruder"
des Arduino Uno, der Arduino Mega eingesetzt.

Zur Ansteuerung und zum Betrieb des LCD werden die Bibliotheken <UTFTGLUE.h>,
<TouchScreen.h> und <Adafruit_GFX.h> benötigt, die unter [4, 9, 13] zum Dow-
nload zur Verfügung stehen.

Listing 32.9 arduinoTouch.ino

```
1  // arduinoTouch.ino
2  // uses 240 x 320 px Touchscreen-LCD
```

```
 3  // and Arduino Mega
 4
 5  #include <Adafruit_GFX.h>
 6  #include <UTFTGLUE.h>
 7  #include <TouchScreen.h>
 8
 9  // pins for touchscreen
10  #define YP A2
11  #define XM A3
12  #define YM 8
13  #define XP 9
14
15  // coordinates (x/y) of touchscreen
16  #define TS_MINX 100
17  #define TS_MAXX 950
18  #define TS_MINY 100
19  #define TS_MAXY 900
20  // (950/900) top left corner
21  // (100/900) top right corner
22  // (950/100) buttom left corner
23  // (100/100) buttom right corner
24
25  int ledPin=53;          // LED attached to pin 53
26  int voltagePin=A10;     // To read voltage on LED
27  int buttonPressed=1;    // is button pressed?
28  float voltage=0.0;      // voltage on ledPin
29
30  // initialize object ts of class TouchScreen
31  TouchScreen ts = TouchScreen(XP, YP, XM, YM, 300);
32
33  // initialize object tft of class UTFTGLUE
34  UTFTGLUE tft(0x0154,A2,A1,A3,A4,A0);
35
36
37  // fonts for display
38  #if !defined(SmallFont)
39  extern uint8_t SmallFont[];
40  #endif
41
42  void setup() {
43    Serial.begin(9600);
44    pinMode(A0, OUTPUT);
45
46    // to run LCD
47    digitalWrite(A0, HIGH);
48    pinMode(ledPin, OUTPUT);
49    pinMode(voltagePin, INPUT);
50
51    // LCD Setup
52
53    tft.InitLCD();
54    tft.setFont(BigFont);
55    // black screen
56    tft.fillScr(0, 0, 0);
57
58    // create blue filled button
59    tft.setColor(0, 0, 255);
60    tft.fillRoundRect(80, 70, 239, 169);
61
```

```
62    // black background
63    tft.setBackColor(0, 0, 0);
64
65    // white lettering on button
66    tft.setColor(255, 255, 255);
67    tft.print("LED", CENTER, 95);
68    tft.print("schalten", CENTER, 115);
69  }
70
71  void loop() {
72    // method getPoint() returns x and y coordinates
73    // of a pressed point on the touchscreen
74    TSPoint p = ts.getPoint();
75
76    // mapping coordinate system of touchscreen
77    // to 240  x 320 pixel resolution
78    p.x = map(p.x, TS_MAXX, TS_MINX, 0, 320);
79    p.y = map(p.y, TS_MAXY, TS_MINY, 0, 240);
80
81    // print coordinates of pressed point to serial monitor
82    if (p.z > ts.pressureThreshhold)
83    {
84        Serial.print("X = "); Serial.print(p.x);
85        Serial.print("\tY = "); Serial.print(p.y);
86        Serial.print("\n");
87    }
88
89    if(p.x>80 && p.x<240 && p.y>70 && p.y<170 )
90    // button pressed?
91    {
92        buttonPressed*=-1;
93        // pins XM und YP are used by both librarys
94        // Touchscreen and UTFTGLUE
95        pinMode(XM, OUTPUT);
96        pinMode(YP, OUTPUT);
97
98
99        if (buttonPressed==1)
100        {
101          // green button
102          tft.setColor(0, 255, 0);
103          tft.fillRoundRect(80, 70, 240, 170);
104          // black lettering
105          tft.setColor(0, 0, 0);
106          tft.print("LED An", CENTER, 100);
107
108          digitalWrite(ledPin, HIGH);
109
110          // read voltage and convert 10 bit
111          // value into decimal value
112          voltage=analogRead(voltagePin);
113          voltage=voltage/1023*5;
114
115          // "delete" voltage value on screen
116          // by drawing a black rectangle over it
117          tft.fillRect(20, 200, 80, 220);
118
119          // white lettering
120          tft.setColor(255, 255, 255);
```

```
121        tft.printNumF(voltage, 2, 20, 200);
122    }
123
124    if (buttonPressed==-1)
125    {
126        // red button
127        tft.setColor(255, 0, 0);
128        tft.fillRoundRect(80, 70, 240, 170);
129
130        // black lettering
131        tft.setColor(0, 0, 0);
132        tft.print("LED Aus", CENTER, 100);
133
134        digitalWrite(ledPin, LOW);
135
136        // read voltage and convert 10 bit
137        // value into decimal value
138        voltage=analogRead(voltagePin);
139        voltage=voltage/1023*5;
140
141        // "delete" voltage value on screen
142        tft.fillRect(20, 200, 80, 220);
143
144        // white lettering
145        tft.setColor(255, 255, 255);
146        tft.printNumF(voltage, 2, 20, 200);
147    }
148 };
149 }
```

ⓘ Der hier verwendete Touchscreen [24] wird mit der sog. 4-Wire-Resistive-Technik betrieben und besteht aus zwei gegenüberliegenden Schichten, die mit je 2 Elektroden versehen sind, wobei die Elektroden in einer Schicht in x-Richtung und in der anderen Schicht in y-Richtung verlaufen. An der Position, an der der Touchscreen berührt wurde, kommen die beiden Schichten in Kontakt, wobei über die Elektroden ein Spannungsteiler in x - und y-Richtung entsteht. Durch eine Spannungsmessung zum gegenüberliegenden Elektrodenpaar kann so die Position detektiert werden.

Im sketch **arduinoTouch.ino** werden in Zeile 10 die für die Positionsdetektion nötigen vier „Messpins" A2, A3, 8 und 9 festgelegt. Diese werden in Zeile 31 dem Objekt ts der Klasse Touchscreen, das den Touchscreen virtuell abbildet, übergeben. Der 5. übergebene Parameter 300 entspricht dem Widerstand in Ω zwischen den Schichten. Die Festlegung der

 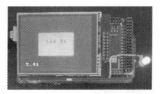 

Abb. 32.10 Display Ausgabe beim Programm **arduinoTouch.ino**

Minimal- und Maximalwerte der x-y-Koordinaten, die am Touchscreen gedrückt werden können, erfolgt in den Zeilen 16-19. In Zeile 34 wird das LCD Display instanziiert. Dabei müssen die Identifikationsnummer für den LCD-Treiber (0x0154), sowie fünf Steuerpins angegeben werden. Beispielsweise werden die Pins A1 und A2 dafür verwendet, auf den LCD Bus zu schreiben und das entsprechende Register auszuwählen. In Zeile 54 wird die Schriftgröße eingestellt und nachfolgend in Zeile 56 der Bildschirm mit schwarz gefüllt. Zur Grafikausgabe auf dem Display werden die folgenden Methoden der Bibliothek <UTFTGLUE.h> verwendet:

- setColor(int r, int g, int b):
  legt die Farbe der nachfolgend erzeugten Grafikobjekte fest. Für die Einstellung des Farbtons wird der RGB-Modus benutzt, d.h. der Rotwert r (0-255), der Blauwert b (0-255) und der Gelbwert g (0-255) übergeben.
- fillRoundRect(int xl, int yt , int xr, int yb):
  erzeugt ein ausgefülltes Rechteck mit abgerundeten Ecken; die linke obere Ecke hat die Pixel-Koordinaten (xt,yt) und die rechte untere Ecke die Koordinaten (xb,yb).
- print(string str, int x, int y[, angle]):
  gibt den String str an der Pixelposition (x,y) aus. Optional kann der String auch um den Winkel int angle (0-359) rotiert ausgegeben werden.
- printNumF(float val, int n, int x, int y[, char divider]):
  gibt die Zahl val mit n Nachkommastellen an der Pixelposition (x,y) aus. Mit divider kann optional das Dezimal-Trennzeichen spezifiziert werden, wobei standardmäßig der Dezimalpunkt „.' verwendet wird.

In den Zeilen 59-68 wird ein blau gefülltes Rechteck mit der Aufschrift „LED schalten" auf dem Display ausgegeben. Dieses Rechteck stellt den Button zum Schalten der LED dar. Über die Methode getpoint() der Klasse <Touchscreen> werden die x- und y-Koordinaten eines auf dem Display gedrückten Punktes abgefragt. Die Funktion map in Zeilen 78 und 79 dient dazu, diese Touchscreen-Koordinaten auf die 240 px x 320 px Pixel-Koordinaten des Displays abzubilden. Falls der Druck auf die angewählte Touchscreenposition über der Grenze pressureThreshold liegt, werden die entsprechenden Pixelkooridnaten auf dem Serial Monitor ausgegeben. Mithilfe dieses Mindestdrucks können Fehlbedienungen durch versehentliches leichtes Drücken auf den Screen vermieden werden. Die if-Abfrage in Zeile 99 prüft, ob der gedrückte Punkt innerhalb des Buttons liegt. Ist das der Fall, der Button also angewählt wurde, ändert sich die Farbe des Buttons von blau zu grün und dessen Aufschrift zu „LED an". Über den digitalWrite-Befehl in Zeile 99 wird die LED bestromt. Bei nochmaligem Drücken des Buttons wird die LED abgeschaltet und der Button färbt sich rot (Zeile 128).

   In der Schaltung ist der LED ein 330 Ω Widerstand vorgeschaltet. Ein Kabel, das über den so erzeugten Spannungsteiler die Spannung an der LED abgreift, wird mit Analog Pin 10 verbunden. In den Zeilen 112 und 138 wird diese Spannung voltage bei jeder Ände-

Abb. 32.11 Beschaltung einer
RGB-LED

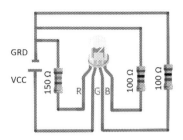

rung des Schaltzustands der LED über den `analogRead`-Befehl als 10 bit ADC-Wert (ein
ADC-Wert von 1023 entspricht dabei einer Spannung von 5 V) eingelesen und nachfolgend
in einen Dezimalwert in Volt umgerechnet. Dieser Spannungswert wird schließlich über die
Zeilen 121 und 146 links unten auf dem Display ausgegeben.

Übung

1. Entwickeln Sie ein Programm, mit dem der aktuelle Widerstandswert eines an das
   Arduino-Board angeschlossenen Potentiometers als Höhe eines Balkens grafisch auf
   einem LCD dargestellt wird (vergleiche dazu das Programm **analogWrite.ino** aus
   Abschn. 31.5).
2. Schreiben Sie auf Basis von **arduinoTouch.ino** ein Programm, das einen Kreis auf einen
   Touchscreen zeichnet. Wenn Sie den Kreis auf dem Touchscreen im ersten (zweiten,
   dritten) Quadranten berühren, soll eine rote (grüne, blaue) LED einer RGB LED (siehe
   Abb. 32.11) am Arduino angesteuert werden.
   Der Kreis soll dann rot (grün, blau) gefüllt werden. Wird der Kreis im vierten Quadranten
   angesteuert, soll die LED ausgeschaltet werden und der Kreis schwarz gefüllt werden.
   Hinweis: Die Methode der Klasse `<UTFTGLUE.h>` zum Erzeugen eines Kreises lautet:

   ```
   fillCircle(x, y, radius)
   ```

Dabei sind `x` und `y` die Mittelpunktskoordinaten und `radius` der Radius des Kreises,
jeweils in Pixel.

Interrupts

33

Bei einem Interrupt wird durch ein Ereignis (z. B. Timer, Signal von außen, ...) das Hauptprogramm `void loop()` unterbrochen und ein vorab festgelegtes Unterprogramm ausgeführt. Nach Abarbeitung des Unterprogramms wird das Hauptprogramm an der ursprünglichen Stelle weiter ausgeführt. Der Arduino-Uno kann zwei Interrupts erfassen:

- Interrupt0 an Digital-Pin 2
- Interrupt1 an Digital-Pin 3

Im folgenden Programm **interruptTilt.ino** leuchtet beim Ansprechen eines Vibrationssensors, also bei Erschütterung der Schaltung, eine Warnleuchte auf. Als Vibrationssensor eignet sich beispielsweise das Sensormodul SW-200D, das für unter 1 € erhältlich ist.

Listing 33.1 interruptTilt.ino

```
 1  // interrupTilt.ino
 2  // blinking LED on pin 11
 3  // tilt sensor or accelerometer on digital pin 2
 4  // triggers interrupt and controls
 5  // alarming led on pin 13
 6
 7  int tiltSensor = 2; // sensor on digital pin 2
 8  int alarm_led = 13; // alarming LED on digital pin 13
 9  int blink_led = 11; // blinking LED on digital pin 11
10  volatile int state = LOW;
11
12  void setup() {
13    pinMode(tiltSensor, INPUT);
14    pinMode(alarm_led, OUTPUT);
15    pinMode (blink_led, OUTPUT);
16
17    // activate Interrupt0 on digital pin 2
18    // if the signal on pin2 changes (="CHANGE"),
```

© Der/die Autor(en), exklusiv lizenziert an Springer Fachmedien Wiesbaden GmbH, ein Teil von Springer Nature 2022
M. A. Mathes und J. Seufert, *Programmieren in C++ für Elektrotechniker und Mechatroniker*, https://doi.org/10.1007/978-3-658-38501-9_33

```
19  // then interrupt the loop() routine
20  // and run the function changeState
21  attachInterrupt(0, changeState, CHANGE);
22  }
23
24  void loop() {
25  // turn on LED on pin 11
26  digitalWrite(blink_led, HIGH);
27
28  // wait for 200  ms
29  delay(200);
30
31  // turn off LED on Pin 11
32  digitalWrite(blink_led, LOW);
33
34  // wait for 200  ms
35  delay(200);
36
37  // change on/off state of the LED on pin 13
38  // via the interrupt
39  digitalWrite(alarm_led, state);
40
41  }
42
43  void changeState() {
44  // logical complement
45  state = !state;
46  }
```

Will man, wie in **interruptTilt.ino**, die vom Arduino zur Verfügung gestellten Interrupts nutzen, so muss man dem Arduino zunächst mitteilen, dass er auf Interrupts reagieren soll und welches Unterprogramm (sog. *Interrupt Service Routine*) beim Auftreten eines Interrupts ausgeführt werden soll.

Dies erledigt der Befehl attachInterrupt(interrupt, function, mode) in Zeile 21. Dabei legt interrupt den zu verwendenden Interrupt (0 oder 1) fest und function die Interrupt Service Routine – hier void changeState(). Der Parameter mode definiert, durch welches Ereignis der Interrupt ausgelöst werden soll, z. B. durch die Änderung (CHANGE) des TTL-Pegels des mit dem Interrupt0 verbundenen Pin, also Pin 2. Neben CHANGE sind die Modi in Tab. 33.1 für das Auslösen von Interrupts möglich.

Die Interrupt Service Routine void changeState() in Zeile 43 ändert dann den TTL-Pegel von Pin 2 von LOW auf HIGH bzw. umgekehrt. Die Beschaltung des Arduino für diese Anwendung ist schematisch in Abb. 33.1 gezeigt.

Tab. 33.1 Modi zum Triggern eines Interrupts

Name	Beschreibung
LOW	Wenn Digital-Pin 2 LOW ist, wird ausgelöst
RISING	Bei steigender Flanke an Digital-Pin 2 wird ausgelöst, d. h. bei einem Übergang von LOW zu HIGH
FALLING	Bei fallender Flanke an Digital-Pin 2 wird ausgelöst
CHANGE	Bei Änderung des Zustands von Digital-Pin 2 wird ausgelöst

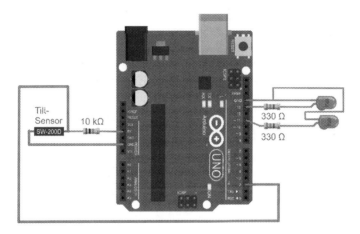

Abb. 33.1 Schaltplan für **interruptTilt.ino**

 Im sketch **interruptTilt.ino** wird das Schlüsselwort volatile für die Definiton der Variable state verwendet. Dieser sogenannte *Qualifier* ist eine Anweisung an den Compiler, die Variable state aus dem RAM und nicht aus permanenten Speicherregistern zu lesen. Eine Variable sollte immer dann als volatile deklariert werden, wenn sie von mehreren Funktionen oder Threads benutzt wird, wie in diesem Beispiel von void loop() und void changeState().

Mit detachInterrupt(0) kann der Interrupt0 deaktiviert werden. Soll ein bestimmter (evtl. zeitkritischer) Code innerhalb von loop() nicht unterbrochen werden, so kann man die Annahme von Interrupts mit noInterrupts() vorübergehend verweigern und anschließend mit interrupts() wieder zulassen.

Vorteil des Interrupts: Es wird nur auf das externe Signal (hier Vibrationssensor) reagiert, wenn sich dieses Signal ändert. Das spart CPU-Zeit gegenüber dem sog. *Polling*, d. h. der ständigen Überprüfung des Sensorsignals.

33.1 Timer-Interrupts

Sollen Signale in regelmäßigen zeitlichen Abständen gemessen werden (konstante Daten-Samplingrate), kann man dafür Timer-Interrupts verwenden.
  Typische Anwendungen von Timer-Interrupts sind:

- periodische Überprüfung eingehender serieller Daten
- periodisches Aussenden eines Signals mit spezifischer Frequenz
- Berechnung der Zeit zwischen zwei Signalen

Der Arduino Uno hat drei interne Timer: `Timer0`, `Timer1` und `Timer2`. Jeder dieser Timer hat einen Zähler, der standardmäßig mit einer Frequenz von 16 MHz (entsprechend $1\,s/(16 \cdot 10^6) = 62,5$ ns pro Zählschritt) periodisch bis zu einem zu spezifizierenden maximalen Zählerwert, der im Compare Match Register des Arduino gespeichert werden kann, inkrementiert wird. Wird der spezifizierte Zählerwert erreicht, so wird ein Interrupt ausgelöst und der Zähler fängt erneut bei 0 an zu zählen.

Beispiel: Der spezifizierte Zählerwert sei 9. $\implies$ Die Zeitdifferenz zwischen aufeinanderfolgenden Interrupts ist $10 \cdot 63$ ns $= 630$ ns.

 Da die Zählung – wie in C++ üblich – bei 0 beginnt, werden z. B. bei einem spezifizierten Zählerwert von 9 insgesamt $9 + 1 = 10$ Zeitschritte ausgeführt.

Der maximale Zählerwert, der im Compare Match Register gespeichert werden kann, ist für jeden Timer vorgegeben (siehe Tab. 33.2).
Die Zählrate jedes Timers kann, wie in Tab. 33.3 dargestellt, durch einen sog. Prescaler kontrolliert werden.
Im ATmega328 Chip des Arduino Uno existieren bestimmte Register, in denen durch Setzen entsprechender Bits der gewünschte Prescaler des Timers eingestellt werden kann. Dies ist z. B. für `Timer1` das Register TCCR1B (Timer Counter Control Register für den `Timer1`). Der Aufbau dieses Registers ist in Tab. 33.4 festgelegt [20].
Die wichtigsten Einstellungen für den Timer betreffen die letzten drei Bits in TCCR1B, nämlich CS12, CS11, CS10 gemäß Tab. 33.5 [20].

Tab. 33.2 Maximale Zählerwerte für die drei Timer des Arduino Uno

Timer	Maximalwert im Compare Match Register
Timer0	255 ($\hat{=}$ 8 bit)
Timer1	65535 ($\hat{=}$ 16 bit)
Timer2	255 ($\hat{=}$ 8 bit)

Tab. 33.3 Zählraten für die Timer des Arduino Uno

Prescaler	Zählrate	Max. Periode (`Timer1`)
1	16 MHz/1 = 16 MHz ($\widehat{=}62,5$ ns)	$65535 \cdot 62,5$ ns $= 4,096$ ms
8	16 MHz/8 = 2 MHz ($\widehat{=}0,5$ µs)	$65535 \cdot 0,5$ µs $= 32,77$ ms
64	16 MHz/64 = 0,25 MHz ($\widehat{=}4$ µs)	$65535 \cdot 4$ µs $= 0,262$ s
256	16 MHz/256 = 62,5 kHz ($\widehat{=}16$ µs)	$65535 \cdot 16$ µs $= 1,049$ s
1024	16 MHz/1024 = 15,6 kHz ($\widehat{=}64$ µs)	$65535 \cdot 64$ µs $= 4,194$ s

Tab. 33.4 Aufbau des Timer Counter Control Registers TCCR1B im Chipsatz des Arduino Uno

Bit	7	6	5	4
Name	ICNC1	ICES1	-	WGM13
Read/Write	R/W	R/W	R	R/W
Initial Value	0	0	0	0
Bit	3	2	1	0
Name	WGM12	CS12	CS11	CS10
Read/Write	R/W	R/W	R/W	R/W
Initial Value	0	0	0	0

Tab. 33.5 Einstellungen der Bits CS12, CS11 und CS10 des Timer Counter Control Registers TCCR1B

Description	CS12	CS11	CS10
No clock source (Timer/Counter stopped)	0	0	0
clock/1 (no prescaling)	0	0	1
clock/8 (from prescaler)	0	1	0
clock/64 (from prescaler)	0	1	1
clock/256 (from prescaler)	1	0	0
clock/1024 (from prescaler)	1	0	1
External clock source on T1 pin (clock on falling edge)	1	1	0
External clock source on T1 pin (clock on rising edge)	1	1	1

Beispiel Der Prescaler 64 entsprechend einer Zählrate von 4 µs entspricht den Biteinstellungen CS12 = 0, CS11 = 1 und CS10 = 1.

Zur Einstellung des maximalen Zählerwerts von `Timer1`, bei der ein Interrupt ausgelöst werden soll, muss zudem das Bit WGM12 auf 1 gesetzt werden und der gewünschte maximale Zählerwert im Compare Match Register gesetzt werden. Die dazu nötigen Biteinstellungen kann man für den `Timer1` elegant mithilfe der Headerdatei `TimerOne.h` durchführen, die z. B. unter [19] heruntergeladen werden kann. Diese Headerdatei `TimerOne.h` und die zugehörige Quelldatei `TimerOne.cpp` sind dazu in der Arduino-Entwicklungsumgebung mit `Sketch 〉 Add File...` zu importieren.

Im folgenden Beispielprogramm blinkt eine an Pin 9 angeschlossene LED im `loop()`-Teil des Programms jede Sekunde. Ein Interrupt von `Timer1` sorgt dafür, dass eine zweite LED an Pin 10 unabhängig von der `loop()`-Funktion alle 0,5 s blinkt.

Listing 33.2 timer1Interrupt.ino

```
 1  // timer1Interrupt.ino
 2  // blinking LED on pin 9
 3  // interrupt of Timer 1 on pin 10 is triggered every 0.5 s
 4  // and switches second LED on pin 10 on and off every 0.5 s
 5
 6  #include "TimerOne.h"
 7
 8  // set TTL level of pin 10
 9  volatile int state = LOW;
10
11  void setup() {
12      pinMode(9, OUTPUT);        // blinking LED on pin 9
13      pinMode(10, OUTPUT);       // LED for interrupt
14
15      // set period of Timer1 to 500000 µs = 0.5 s
16      Timer1.initialize(500000);
17
18      // run function changeState() via Timer1 interrupt
19      Timer1.attachInterrupt(changeState);
20  }
21
22  void changeState() {
23      state=(!state);            // logical complement
24      digitalWrite(10, state);   // switch LED on pin 10
25  }
26
27  void loop() {
28      digitalWrite(9, HIGH);     // turn on LED on pin 9
29      delay(1000);               // wait for 1 s
30      digitalWrite(9, LOW);      // turn off LED on pin 9
31      delay(1000);               // wait for 1 s
32  }
```

Übungen

1. Erstellen Sie mithilfe eines Timer-Interrupts ein Programm, welches am digitalen Ausgang D13 den in Abb. 33.2 dargestellten periodischen Spannungsverlauf ausgibt.

   Tipp: Unterteilen Sie die Signalzeit in fünf Intervalle von jeweils 0,5 s und weisen Sie jedem Intervall einen Zähler 0 ... 4 zu, der sich periodisch wiederholt. Diese periodische Zählererhöhung soll durch die Interrupt Service Routine bewerkstelligt werden. Hat die Spannung im Intervall i den Wert 5 V (0 V) setzen Sie Pin 13 auf HIGH (LOW).

2. Überprüfen Sie Ihr Programm, indem Sie das periodische Signal mit einer LED („an/aus") anzeigen lassen.

Abb. 33.2 Periodischer Spannungsverlauf

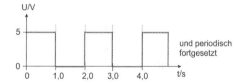

Die Arduino-Plattform verfügt über eine serielle Schnittstelle, mit der Daten an den PC via USB-Kabel übertragen werden können.

34.1 Daten ausgeben

Zur Ausgabe von Daten am PC stellt die Arduino-Software einen Monitor bereit, den man in der Arduino-Entwicklungsumgebung über `Tools` `Serial Monitor` öffnen kann (siehe Abb. 34.1).

Abb. 34.1 Oberfläche des Serial Monitors bei Ablauf des Programms **ldrSerial.ino**

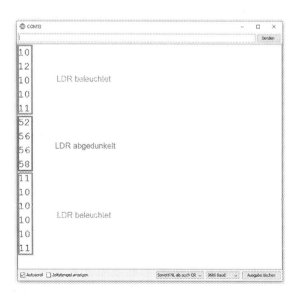

© Der/die Autor(en), exklusiv lizenziert an Springer Fachmedien Wiesbaden GmbH, ein   235
Teil von Springer Nature 2022
M. A. Mathes und J. Seufert, *Programmieren in C++ für Elektrotechniker und Mechatroniker*, https://doi.org/10.1007/978-3-658-38501-9_34

Um die serielle Kommunikation mit dem PC aufzubauen, benötigt man den Befehl `Serial.begin(rate)`, wobei `rate` die Baudrate ist (typischerweise wird eine Übertragungsrate von 9600 Symbolen pro Sekunde, also 9600 Baud, verwendet). Das Senden von Daten wird über den Befehl `Serial.println(data)` bewerkstelligt.

Im Beispielprogramm **ldrSerial.ino** wird – ähnlich wie im Programm **lightSensor.ino** aus Abschn. 32.5 – der von der Beleuchtungsstärke abhängige Wert eines am Analog Pin 0 angeschlossenen Fotowiderstands fortwährend ausgelesen. Proportional zum jeweils erfassten Widerstandswert wird die Helligkeit einer LED an Pin 11 eingestellt und die Helligkeitswerte `brightness` als serielle Daten auf den PC übertragen.

Listing 34.1 ldrSerial.ino

```
1  // ldrSerial.ino
2  // Dimming of an LED on pin 11 dependent on the
3  // light exposure of a light dependent resistor (LDR)
4  // Data output via the serial interface
5
6  int brightness = 0; // brightness of LED
7  int ldrvalue = 0;   // voltage drop across LDR
8
9  int ldr = 0;        // LDR attached to pin 0
10 int led = 11;       // LED attached to pin 11
11
12 void setup() {
13
14     pinMode(ldr, INPUT);  // define pin 0 as input pin
15     pinMode(led, OUTPUT); // define pin 11 as output pin
16
17     Serial.begin(9600);   // establish serial communication
18                           // with 9600 baud
19 }
20
21 void loop() {
22
23     // get voltage value as 10 bit
24     // number in interval [0,1023]
25     ldrvalue = analogRead (ldr);
26
27     // map interval [0,1023] to interval [0,255]
28     brightness = ldrvalue/4;
29
30     // set brightness of LED
31     analogWrite(led, brightness);
32
33     // send brightness value via the serial interface
34     // and print to serial monitor
35     Serial.println(brightness);
36 }
```

Die Ausgabe des numerischen Werts brightness auf dem Serial Monitor wird in Listing 34.1 über den Befehl Serial.println(brightness) bewerkstelligt. Neben float oder int Variablen, können natürlich auch Strings in gleicher Weise auf dem Serial Monitor ausgegeben werden.

34.2 Daten eingeben

Der Serial Monitor kann nicht nur zur Datenausgabe genutzt werden, sondern er stellt auch eine bequeme Möglichkeit zur Eingabe von Werten bereit. Dafür stehen u. a. die Methoden read(), readString() und readBytesUntil() der Klasse Serial zur Verfügung.

Listing 34.2 zeigt exemplarisch die Verwendung der Methode readBytesUntil() zum Einlesen einer dreistelligen Zahl. Dies ist für die Lösung der untenstehenden Übungsaufgabe, in der die Drehzahl eines Motor via Serial Monitor gesteuert wird, nützlich.

Listing 34.2 SerialreadBytes.ino

```
1  void loop() {
2     // 4 characters = sign (+/-) and 3 digits
3     // for value of motor speed
4     char buffer[4];
5
6     // wait for input
7     while (!Serial.available());
8
9     // read up to 4 chars until past-the-end character
10    Serial.readBytesUntil('\n',buffer,4);
11
12    // convert char to int
13    int m_speed = atoi(buffer);
14
15    // Now control the motor using
16    // the variable m_speed
17 }
```

Bei der Nutzung des Serial Monitors zur Eingabe von Werten muss die Option „Kein Zeilenende" ausgewählt werden.

Übung

1. Ändern Sie das Programm **motorshieldDC.ino** aus Abschn. 32.6 so ab, dass Sie über den Serial Monitor mit dem Befehl Serial.readBytesUntil() Zahlen zwischen

−255 … 255 als Geschwindigkeit eingeben können.

Beispieleingaben:

Eingabe: 240 → Motor fährt mit Geschwindigkeit 240 vorwärts

Eingabe: -220 → Motor fährt mit Geschwindigkeit 220 rückwärts

35

„I believe that at the end of the century the use of words and general educated opinion will have altered so much that one will be able to speak of machines thinking without expecting to be contradicted."
– Alan Turing, 1950

Im Internet of Things (IoT) sind physische Einheiten (Sensoren, Aktoren, . . .) über das Internet verbunden und können über dieses miteinander und mit den Nutzern kommunizieren. Dies ermöglicht eine Fülle von Anwendungen, wie beispielsweise die Kontrolle von Fertigungsmaschinen aus der Ferne über ein Smartphone oder einen PC. Die Arduino-Entwicklerinnen und Entwickler haben jüngst eine Cloud-Lösung, die sog. *Arduino IoT Cloud,* vorgestellt, über die in Kombination mit netzwerkfähigen Arduino-Boards wie beispielsweise dem MKR WiFi 1010, IoT Anwendungen mit dem Arduino möglich sind.

35.1 „Things"

Die Grundlage aller Arduino IoT Cloud Projekte ist das ***Thing.*** Ein *Thing* ist ein virtuelles Objekt innerhalb der Cloud, das Informationen zu dem physischen Gerät enthält, das es repräsentiert. Zu diesen Informationen gehört beispielsweise die Anzahl und die Art der Sensoren und Aktoren, die in diesem Gerät verbaut sind.

Im Detail besteht ein *Thing* aus

- Variablen zum Regeln und Steuern
- einem Sketch
- einem netzwerkfähigen Gerät (z. B. Arduino MKR Wifi 1010)
- der Netzwerkinformation (SSID und Passwort)

M. A. Mathes und J. Seufert, *Programmieren in C++ für Elektrotechniker und Mechatroniker*, https://doi.org/10.1007/978-3-658-38501-9_35

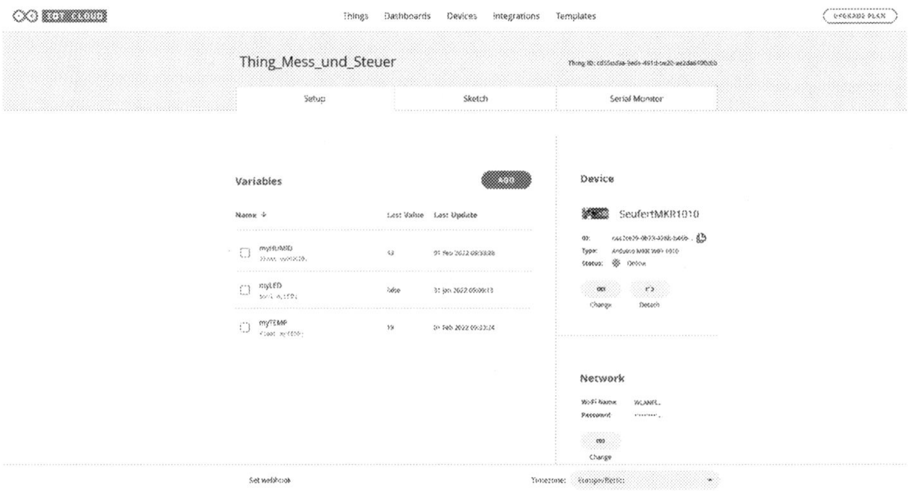

Abb. 35.1 Anlegen eines Things in der IoT Cloud

Abb. 35.1 zeigt die Oberfläche der Arduino IoT Cloud mit einem beispielhaft angelegtem Thing, das aus drei Variablen aufgebaut ist.

Um die Arduino IoT Cloud nutzen zu können, muss zunächst der Arduino Create Agent [2] auf dem Rechner, auf dem Projekte für die Cloud entwickelt werden sollen, installiert werden. Über die Arduino Create Page [17] kann nun ein *Thing* angelegt werden.

Dem *Thing* können anschließend Variablen hinzugefügt werden, die z. B. den Status eines Gerätes steuern oder Sensordaten beinhalten. Im Folgenden implementieren wir eine IoT Anwendung, mit der sowohl eine sensorbasierte Überwachung als auch eine aktive Steuerung eines IoT-Geräts demonstriert wird. Beispielhaft sollen aus der Ferne die von einem DHT11-Sensor bereitgestellten Temperatur- und Luftfeuchtigkeitswerte ausgelesen und eine LED ein- bzw. ausgeschaltet werden.

Für dieses Projekt sind unsere Variablen der Schaltzustand der LED, `bool myLED`, sowie die Sensordaten für die Temperatur und die Luftfeuchtigkeit, `float myTEMP` und `float myHUMID`. Sobald man diese Variablen in der IoT Cloud anlegt, wird automatisch ein lückenhafter Sketch erstellt, in dem nun nur noch die entsprechenden Pinbelegungen (z. B. `int ledpin=4` für die gemäß Abb. 35.2 an Pin D4 angeschlossene LED) und die mit der Steuerung beauftragten Funktionen, z. B. `onMyLEDChange()`, hinzugefügt werden müssen.

Listing 35.1 IoTArduino.ino

```
1  //IoTArduino.ino
2
3  #include <DHT.h> // DHT sensor library
4  #include <DHT_U.h>
```

Abb. 35.2 IoT
Zustandsüberwachung und
-steuerung mit dem Arduino
MKR WiFi 1010

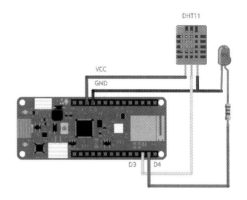

```
5  #include "thingProperties.h"
6
7  #define DHTPIN 3
8  #define DHTTYPE DHT11
9
10 DHT dht(DHTPIN, DHTTYPE);
11 int ledpin=4;
12
13 void setup() {
14   Serial.begin(9600);
15   // Initialize serial and wait for port to open:
16   delay(1500);
17   dht.begin();
18
19   initProperties();
20   // Defined in thingProperties.h
21
22   ArduinoCloud.begin(ArduinoIoTPreferred
23                                 Connection);
24   // Connect to Arduino IoT Cloud
25   /*
26   The following function allows you to obtain
27   information related to the state of the network
28   and the IoT Cloud connection and possible errors.
29   The higher the parameter the more granular
30    information
31   you will get. The default is 0 (only errors).
32   Maximum is 4.
33   */
```

```
34     setDebugMessageLevel(2);
35     ArduinoCloud.printDebugInfo();
36     pinMode(ledpin,OUTPUT);
37  }
38
39  void loop() {
40     ArduinoCloud.update();
41     delay(2000); // DHT sensor dead time
42     myTEMP = dht.readTemperature();
43     myHUMID= dht.readHumidity();
44  }
45
46  /*
47     Since myLED is READ_WRITE variable,
48     onMyLEDChange() is
49     executed every time a new value is received
50     from IoT Cloud.
51  */
52  void onMyLEDChange() {
53     Serial.println(myLED);
54     if(myLED){
55             digitalWrite(ledpin,HIGH);
56         }
57      else{
58             digitalWrite(ledpin,LOW);
59         }
60  }
```

35.2   Datenvisualisierung

Auf dem *Dashboard* können im Anschluss sogenannte *Widgets* angeordnet werden
(z. B. Schalter, Textfeld, Slider, ...), und mit den Variablen verlinkt werden. Über diese
grafische Benutzeroberfläche ist dann die Kommunikation mit dem Arduino Board via IoT
Cloud möglich (Abb. 35.3).

Eine gute Einführung in die Programmierung auf Basis der Arduino IoT Cloud findet
sich unter [11]. Die Arduino IoT Cloud ist auch als App für Android und iOS erhältlich,
sodass die auf dem Desktop entwickelten Programme und grafischen Benutzeroberflächen
auch auf dem Smartphone zur Verfügung stehen. Mit dem Smartphone Anlagen steuern und
Prozesse überwachen ... das eröffnet eine faszinierende Welt vielfältiger Anwendungen im
IoT.

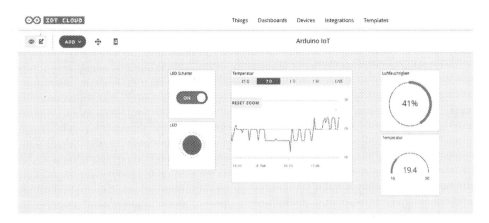

Abb. 35.3 Dashboard in der Arduino IoT Cloud

Übung 36.0

Der Brennraum eines Pelletofens soll kontrolliert mit Holzpellets versorgt werden. Zur Temperaturüberwachung des Brennraums ist an einem Arduinoboard am Analog A1 Eingang ein DHT-Sensor angeschlossen. Des Weiteren ist das Motorshield R3 aufgesteckt, an dem an Kanal A ein DC-Motor mit einer Förderschnecke angeschlossen ist. Mit der Förderschnecke können Pellets in den Brennraum befördert werden.

Erstellen Sie ein Programm für diese Arduino-Plattform, das die Pellet-Förderung wie folgt steuert:

- Am Serial Monitor soll der Benutzer die gewünschte Temperatur T_{soll} des Brennraums in °C eingeben.
- Falls die Temperatur um mehr als 20 °C unter die Solltemperatur T_{soll} sinkt, soll sich der DC-Motor zur Förderung von Pellets 2 s lang in Vorwärtsrichtung mit voller Geschwindigkeit bewegen und der Text „Motor fährt" am Serial Monitor ausgegeben werden.
- 5 min nachdem sich der Motor bewegt hat, soll am Serial Monitor die aktuelle Temperatur des Brennraums und die bisherige Anzahl aller Förderprozesse angezeigt werden. Nach der zwanzigsten Förderung soll angezeigt werden: „Bitte Pellets nachfüllen".

Übung 36.1

Entwickeln Sie ein Programm für die Arduino-Plattform, das die folgende Problemstellung zum „autonomen Fahren" löst:

In einer Fabrikhalle soll ein fahrender Roboter immer den gleichen Abstand $d_{\text{soll}} = 120$ cm zu einem Arbeiter, der vor ihm läuft, einhalten. Zur Entfernungsmessung wird die Front des Roboters mit einem Ultraschallsensor ausgestattet, der mit Pin D11 (ECHO) und Pin D13 (TRIG) einer Arduino-Platine verbunden ist. Die Fahrbewegung des Roboters soll

© Der/die Autor(en), exklusiv lizenziert an Springer Fachmedien Wiesbaden GmbH, ein   245
Teil von Springer Nature 2022
M. A. Mathes und J. Seufert, *Programmieren in C++ für Elektrotechniker und Mechatroniker*, https://doi.org/10.1007/978-3-658-38501-9_36

durch einen DC-Motor realisiert werden, der über Kanal A des Arduino-Motor-Shield R3 angesteuert wird.

Die Geschwindigkeit v des Motors soll wie folgt implementiert werden:

$$v = v_{max} \cdot (d_{ist} - d_{soll}) \, / d_{soll}$$

Dabei ist v_{max} die Maximalgeschwindigkeit des Motors, d. h. die Geschwindigkeit, wenn an Pin 3 der volle Spannungspegel von 5 V anliegt. d_{ist} (in cm) bezeichnet den aktuellen Abstand zwischen Roboter und Arbeiter. Negative Geschwindigkeiten (d. h. falls $d_{ist} < d_{soll}$) bedeuten Rückwärtsfahren.

Legen Sie den Roboter als *Thing* in der IoT cloud an und geben Sie die aktuellen Werte für den Abstand und die Geschwindigkeit über ein Dashboard auf Ihrem Smartphone aus.

Schlusswort

Die Informatik hat sich in den letzten 80 Jahren mit einer unglaublichen Dynamik entwickelt. Beginnend mit dem ersten vollautomatischen Digitalrechner „Z3" von Konrad Zuse im Jahr 1941, mit dem eine Multiplikation etwa 3 s dauerte, stehen mittlerweile Hochleistungscomputer zur Verfügung, die mehr als 10^{15} Rechenoperation pro Sekunde durchführen können. Gleichzeitig wurden rasante Fortschritte in der Softwaretechnik vom ersten auf Lochkarten gespeicherten Maschinencode bis hin zu den heutigen modernen objektorientierten Programmiersprachen gemacht.

Dieser kontinuierliche Evolutionsprozess ist noch lange nicht abgeschlossen. So ist auch C++ eine lebendige Programmiersprache, die ständig weiterentwickelt wird. Allein der neueste, im letzten Jahr veröffentlichte Standard C++ 20 hat wieder zahlreiche Erweiterungen u. a. zu Funktionen und Funktionstemplates (Stichworte: `cofunctions` und `concepts`) integriert. Daneben gibt es eine stetig wachsende Zahl hervorragender Bibliotheken, wie beispielsweise das Paket *Qt*, das die Programmierung von Fenstern und graphischen Benutzeroberflächen ermöglicht.

Die Behandlung all dieser Themen rund um die Programmiersprache C++ würde den Umfang eines grundlegenden Lehrbuchs deutlich sprengen. Unser Buch kann dementsprechend nur einen kleinen Überblick über die wesentlichen Programmierkompetenzen geben, die man als Ingenieurin und Ingenieur in der modernen Arbeitswelt benötigt – ohne Anspruch auf Vollständigkeit.

Wir würden uns freuen, wenn Sie ein bisschen Spaß bei der Lektüre des Buches und beim Programmieren hatten und sich noch tiefer in die faszinierenden Möglichkeiten der Softwareentwicklung mit C++ einarbeiten möchten.

© Der/die Herausgeber bzw. der/die Autor(en), exklusiv lizenziert an Springer Fachmedien Wiesbaden GmbH, ein Teil von Springer Nature 2022
M. A. Mathes und J. Seufert, *Programmieren in C++ für Elektrotechniker und Mechatroniker*, https://doi.org/10.1007/978-3-658-38501-9

In diesem Sinne wünschen wir Ihnen stets

```
Begeisterung++
```

beim Programmieren!

Prof. Dr. Markus A. Mathes
Prof. Dr. Jochen Seufert

Literaturempfehlungen

Hier finden Sie weiterführende Literatur, die zur Vertiefung bestens geeignet ist:

- ANDREW S. TANENBAUM: *Computerarchitektur*
- BERNHARD LAHRES, GREGOR RAÝMAN, STEFAN STRICH: *Objektorientierte Programmierung – Das umfassende Handbuch*
- BJARNE STROUSTRUP: *Die C++ Programmiersprache*
- DAOQI YANG: *C++ and Object-Oriented Numeric Computing for Scientists and Engineers*
- DEREK CAPPER: *Introducing C++ for Scientists, Engineers and Mathematicians*
- HELMUT ERLENKÖTTER: *C++ Objektorientiertes Programmieren von Anfang an*
- TORSTEN T. WILL: *C++ Das umfassende Handbuch*
- TORSTEN T. WILL: *Einführung in C++*
- ULLA KIRCH, PETER PRINZ: *C++ Lernen und professionell anwenden*
- ULRICH BREYMANN: *Der C++ Programmierer*

© Der/die Herausgeber bzw. der/die Autor(en), exklusiv lizenziert an Springer Fachmedien Wiesbaden GmbH, ein Teil von Springer Nature 2022
M. A. Mathes und J. Seufert, *Programmieren in C++ für Elektrotechniker und Mechatroniker*, https://doi.org/10.1007/978-3-658-38501-9

Literatur

1. *Apache NetBeans.* https://netbeans.org
2. *Arduino Create Agent.* https://create.arduino.cc/getting-started/plugin/welcome
3. *Object Management Group.* https://www.omg.org/
4. ADAFRUIT INDUSTRIES: *Bibliothek <Adafruit_GFX.h> für das LCD Display.* https://github.com/adafruit/Adafruit-GFX-Library
5. ANDREW S. TANENBAUM: *Computerarchitektur.* Pearson Studium, 2005
6. BERNHARD LAHRES, GREGOR RAÝMAN, STEFAN STRICH: Objektorientierte Programmierung Das umfassende Handbuch. Rheinwerk Computing, 2021.
7. COMMUNITY SUPPORTED: *C++ Reference.* https://en.cppreference.com/
8. DAOQI YANG: *C++ and Object-Oriented Numeric Computing for Scientists and Engineers.* Springer, 2000
9. DAVID PRENTICE: *Bibliothek <UTFTGLUE.h> für das LCD Display.* https://github.com/prenticedavid/MCUFRIEND_kbv/blob/master/UTFTGLUE.h
10. DEREK CAPPER: *Introducing C++ for Scientists, Engineers and Mathematicians.* Springer, 2001
11. DRONEBOT WORKSHOP: *Build your own Electronics, IoT, Drones and Robots.* https://dronebotworkshop.com/arduino-iot-cloud
12. EDSGER DIJKSTRA: *Go To Statement Considered Harmful.* https://homepages.cwi.nl/~storm/teaching/reader/Dijkstra68.pdf
13. GITHUB: *Bibliothek <touchscreen.h> für das LCD Display.* https://github.com/adafruit/Adafruit_TouchScreen
14. HELMUT ERLENKÖTTER: *C++ Objektorientiertes Programmieren von Anfang an.* Rowohlt Verlag, 2000
15. KELD SIMONSEN: *The C++ Standards Committee.* http://www.open-std.org/jtc1/sc22/wg21/
16. KJELL MAGNE FAUSKE: *T$_E$Xample.net.* http://www.texample.net/
17. MASSIMO BANZI: *Arduino Create Page.* https://www.arduino.cc/en/main/create
18. MASSIMO BANZI: *Arduino Webpage.* https://www.arduino.cc/
19. MASSIMO BANZI: *Arduino Webpage – Bibliothek <TimerOne>.* https://www.arduino.cc/reference/en/libraries/timerone/

M. A. Mathes und J. Seufert, *Programmieren in C++ für Elektrotechniker und Mechatroniker*, https://doi.org/10.1007/978-3-658-38501-9

20. MICROCHIP TECHNOLOGY INC: *Datenblatt ATmega 328.* https://www.microchip.com/en-us/product/ATMEGA328

21. SPARKFUN: *Breadboard für Schaltungen.* https://www.sparkfun.com/products/12002/

22. SPRINGER FACHMEDIEN WIESBADEN GMBH: *Gabler Wirtschaftslexikon.* https://wirtschaftslexikon.gabler.de

23. TORSTEN T. WILL: *C++ Das umfassende Handbuch.* Rheinwerk Computing, 2018

24. TRU COMPONENTS: *2,8″ LCD, 240 px x 320 px, EAN: 4053199982530.* 2019

25. ULRICH BREYMANN: *Der C++ Programmierer.* Carl Hanser Verlag, 2017

26. VINT CERF: *Internet Engineering Task Force.* https://tools.ietf.org/html/rfc20

Printed in the United States
by Baker & Taylor Publisher Services